KB071722

아이의 그릇을 키우는
부모 고전 수업

한 그루의 나무가 모여 푸른 숲을 이루듯이
청림의 책들은 삶을 풍요롭게 합니다.

아이의 그릇을 키우는

부모 고전 수업

우승희 지음

청림Life

어떻게 '사람됨'을 갖춘
아이로 키울 것인가

"어린이는 어른의 씨앗이다(子弟者 大人之胚胎, 자제자 대인지배태)."
이 진실은 아무리 덮으려고 해도 눈 덮인 땅이 햇빛에 녹고 그 위
에서 싹이 돋아나는 것처럼 언젠가는 드러나게 마련이다. 부모가
어떻게 정성을 쏟느냐에 따라 아이들의 면면이 달라지는 것은
자연스러운 일이다. 이것은 감추려 해도 감출 수 없다.

 아득히 먼 이야기 같지만 우리에게도 고유한 교육 방법이 있
었다. 그런데 어느 날 갑자기 모든 것을 잃어버린 것 마냥 우리는
길을 잃고 헤매고 있다. 사회에서 보편적으로 옳다고 여기는 교
육의 방법은 사라지고 부모 개개인이 모든 방면에서 취사선택해
야 하는 어려움에 놓였다. 물론 예전의 방법이 사라져버린 이유

4

는 있다. 그것이 오늘날 우리 교육에 놓인 문제를 해결하지 못했기 때문이다. 하지만 그럼에도 그 방법에는 귀중한 가치가 여전히 있다. 길고 긴 시간 동안 수많은 사람이 실천을 거듭하며 축적해놓은 교육의 지침들 중에서 여전히 배울 것이 있다.

고전을 읽다 보면 지나치게 진부하고 특별하지 않다고 여겨지는 내용도 있다. 사람이라면 무릇 가져야 하는 마음가짐이나 태도는 시대가 달라졌다고 크게 변하지 않고 세상이 바뀌었다고 크게 차이가 생기는 것도 아니기 때문이다. 하지만 이처럼 당연시되었던 것들이 더는 당연하지 않은 사회가 되었다. 이는 '사람됨'을 기르는 교육은 없고 입시가 교육의 거의 모든 부분을 담당하고 있는 세태에서 비롯된 문제이다. 그러나 아무리 지식을 쌓는 것이 유용하다고 하더라도 인간이 가져야 하는 품성을 놓치고서는 아무것도 제대로 이룰 수 없다. 시대가 달라져도 변하지 않는 인간의 길이 있는 것이다.

고전에서 뜻하는 '나'는 그저 존재만으로 아끼고 사랑해야 하는 것이 아니라 반성하고 다스려야 하는(극기克己) 존재이다. 지금의 교육과 전통적인 교육은 여기에서부터 큰 차이를 보인다. 그래서 고전은 인간에 대해 타고난 기질이나 성격을 그대로 인정하고 받아들이는 것을 넘어서서 가르치고 다듬어야 한다고 주장한다. 이처럼 강력하고 단호한 가르침은 부모와 자식의 위치가 서로 다르기 때문에 어렵지 않게 행해질 수 있다. 부모와 아이는 결코 수평적으로 한 선상에 놓이지 않는다. 그리고 그만큼 부모의 의무와 책임이 무겁다. 선생님, 친구들 그리고 사회에서 만나는 수많은 사람에 대해서는 언제나 거리낌 없는 것보다는 공경하는 태도가 우선이다. 공부를 왜 해야 하는지보다 공부는 반드시 해야 한다는 마땅함에 더욱 힘을 실어주고, 인성을 얻는 일은 지식을 얻는 것과 동떨어져 있지 않고 함께 가는 것이라고 말한다.

나는 아이를 낳고 나서 고전과 더욱 가까워졌다. 갓난아기 때부터 초등학생으로 성장하기에 이르기까지, 아이를 기르는 엄마들이 늘 그렇듯 읽고 느끼는 것이 모두 아이에게 연결되는 것을 경험했다. 그래서 고전을 읽다가 어렴풋이 깨달았던 것들을 글로 정리해보기로 했다. 자신을 돌볼 뿐 아니라 타인과 더불어 살아가기 위한 '그릇(품성)'이란 어떻게 만들어지고 성장하는지 다뤄보고 싶었다.

이 책은 우리가 이미 가지고 있었지만 잊어버리거나 놓치고 있는 삶의 덕목에 관해 다시 생각해볼 것들을 담고 있다. 다양한 고전을 들춰보며 지금도 여전히 아이 교육에 대해 고민해볼 만한 지점들을 찾아보았다. 어쩌면 당연하고 뜬구름 잡는 이야기처럼 느껴질지도 모른다. 구체적인 코칭이나 자세한 방법이 드러나는 책은 아니기 때문이다. 하지만 그럼에도 고전에서는 이것이 본래 교육이라고 말한다. 사람을 기르는 일은 눈에 확 띄고 성과가 확실한 일이 아니라 보이지 않고 불확실하지만 믿음을 가지고 정성과 노력을 다하는 일이다. 새로운 것들을 얻고자 하더라도 반드시 중심이 필요하다. 이 책이 오늘을 함께 살아가는 부모들에게 흔들리지 않는 교육의 기본이 무엇인지 생각하는 계기를 마련해주었으면 좋겠다.

3장   부모와 아이는 함께 성장한다

4장   지혜로운 부모가 지혜로운 아이로 키운다

1장

기본이 단단한 아이가
자신의 인생을 지킨다

인성은 평범하지만
강력한 아이를 만든다

인성교육이 중요하다고 하지만 그것이 왜 필요한지에 대해 설명하기란 쉽지 않다. 또한 인성은 '나'를 위한 것이 아닌 '남'을 위한 것으로 생각되기도 한다. 배려하는 말이나 공손한 태도는 타인을 먼저 생각하는 마음에서 비롯된 것이라 여겨지기 때문이다. 으레 지식을 가르치는 것은 아이에게 도움이 되는 것 같지만 인성을 가르치는 것은 아이에게 유익한 것처럼 보이지 않는다. 그래서 인성교육은 뒷전으로 밀리기 일쑤다. 하지만 인성은 다른 어떤 것보다 즉각적으로 삶에 보탬이 되는 미덕이다. 한 사람의 삶 속에서 인성이 소용되지 않는 경우란 없다.

인성은 특별하고 기이한 재주가 아니다. 재능처럼 특정인을 두드러지거나 돋보이게 만들지도 않는다. 그렇다면 왜 우리 아이가 인성을 길러야 할까? 우리는 살아가면서 다양한 사람들을 만나게 된다. 가족, 친구, 그 밖에도 많은 사람들과 관계를 맺고 시간을 보낸다. 가족도, 친구도, 의지할 수 있는 사람이 단 한 명도 없는 경우는 극히 드물다. 어떤 방식으로든 사람들은 서로 도움을 주고받으며 살아가게 마련이다. 인성, 즉 사람이 지닌 성정이라는 것은 언제나 다른 사람의 삶과 함께한다. 지식은 특정한 상황에서 삶을 유리하게 만들지만, 인성은 어떤 상황에서든 유익함을 준다. 그래서 더 큰 힘을 지닌다. 다른 사람과 늘 함께해야 하는 우리가 지식보다 인성, 특히 좋은 인성을 갖추는 일이 꼭 필요한 이유이다. 그렇다면 평범하지만 강력한 힘을 지닌 인성, 어떻게 길러야 할까?

평범함과 비범함의 차이

진한 술과 기름진 고기, 맵고 단 것은 참 맛이 아니니 참 맛은 다만 담백할 뿐이다. 신묘하고 기괴하며 특별한 재능을 보이는 사람이 도덕과 학문이 높은 사람은 아니니, 도덕과 학문이 높은 사람의 말과 행동은 다만 평범할 뿐이다.[1]

《채근담》에 나오는 이 말은 저마다 자신을 비범하다 여기며 소리치는 세상에서 지극히 평범한 것의 가치를 일깨운다. 대개 평범함은 비범함에 비해 하찮은 것이라 여겨진다. 누구나 평범함을 넘어서는 비범함을 꿈꾼다. 비범할수록 더 많이 가질 수 있고 더 큰 인정을 받을 수 있다고 생각하기 때문이다. 비범함이 주목을 받는 것은 사실이다. 하지만 살면서 얻는 실제적인 이익은 대개 평범함이 가져다준다.

춘추시대 진秦나라에는 말 감정을 잘 하는 백락伯樂이라는 사람이 있었다. 본래 그의 이름은 손양孫陽인데, 사람들이 그의 특별한 재주 때문에 중국 신화에 나오는 하늘의 천마天馬를 관장하는 별의 이름을 따서 백락이라고 이름 붙여준 것이다. 그가 유명해지자 많은 사람이 말을 고를 때 그의 도움을 받고자 했다. 그런데 《한비자》에는 그의 특이한 점이 실려 있다. 그는 자신이 미워하는 사람에게는 천리마와 같이 훌륭한 말을 감정하는 방법을 가르쳐주었고, 좋아하는 사람에게는 둔한 말을 감정하는 방법을 가르쳐주었다고 한다. 천리마를 감정하는 것은 누구나 쉽게 알아낼 수 없는 고급 기술이고, 둔한 말을 감정하는 것은 일반적인 기술이라고 할 수 있을 텐데 왜 자신이 좋아하는 사람에게는 평범한 기술을 전수해주었던 것일까? 천리마는 백 년에 한 번 나올까 말까한 것이기 때문에 그 이익을 얻을 가능성이 낮다. 반대로 둔하고 느린 말은 날마다 사고파는 과정에서 걸러낼 수 있기 때문에 생각보다 빨리 이익을 취할 수 있다. 최고의 말을 감정하는 법을 가르쳐주는 것이 얼핏 더욱 도움이 되는 것처럼 보이지만 실제로는 그렇지 않았던 것이다.

백락의 이야기는 우리가 아이에게 가르쳐야 하는 기본이 무엇인지 고민하게 한다. 특출난 아이가 되었으면 좋겠다는 바람도 나쁜 것은 아니지만 그보다 기본을 갖춘 아이가 되도록 이끌어주는 것이 먼저라는 것이다. 특출난 기예는 누구나 가질 수 있는 것이 아니다. 하지만 좋은 인성은 특별한 지식이나 사고를 통해서 얻어지는 것이 아니라 좋은 습관을 들이고 그것을 자연스럽게 만드는 과정만 있으면 누구나 쉽게 얻을 수 있다. 물론 인성을 부지런히 갈고닦아 현인의 경지에 다다르는 것은 또 다른 문제이다. 하지만 사람과의 교류에 있어서 가져야 하는 기본은 어떤 아이든 가르침을 통해서 배울 수 있다.

부모는 백락의 이야기처럼 아이에게 천리마를 구하는 법보다는 실제 삶에서 도움이 되는 것에 대해 지도할 수 있어야 한다. 아이에게서 특출난 능력을 찾으려거나 아이를 다그쳐서 능력을 키우게 하는 것은 당장 실천하기 어려운 일이다. 그리고 실제로 그것을 이루어내는 경우는 극히 드물다. 하지만 바른 품성을 가진 아이가 될 수 있도록 돕는 것은 아이의 삶에 즉각적으로 도움이 되는 일이다. 학교에서의 생활이 편안해지고 교우관계가 좋아지는 것은 물론이다. 생활이 반듯해지면 오히려 그 위에 특별함을 쌓을 수도 있게 된다.

화려한 날개보다 빛나는 것

무릇 오색 깃털을 가진 꿩이 색깔을 모두 갖추기는 했지만 백 보 정도밖에 날지 못하는 까닭은 살집은 풍부하지만 힘이 약하기 때문이며, 용맹스러운 매가 깃털의 색깔이 보잘것없지만 칼깃으로 날아올라 하늘에 다다를 수 있는 까닭은 뼈 조직이 억세고 기세가 맹렬하기 때문이다.[2]

《문심조룡》〈풍골〉에 나오는 이 말은 글쓰기에 대한 조언이다. 화려한 표현이 많으면 장황해서 뜻이 드러나지 않는다. 오히려 표현은 소박하지만 주장이 명확한 글에 훨씬 더 강력한 힘이 있다는 것이다. 아이를 기를 때 부모가 염두에 두어야 하는 것도 이와 다르지 않다. 아이에게 화려한 무늬를 입히면 당장에는 화려함에 이끌려 모두에게 관심을 받는다. 하지만 그것은 오래가지 않고 아이의 인생에 있어서도 큰 도움이 되지 않는다. 매는 공작이나 꿩에 비해 겉으로 보기에는 수수하고 담백하다. 그러나 다른 어떤 새보다 강인한 체력을 가지고 있어 하늘에 닿을 수 있을 정도로 높이 날 수 있다. 아이의 삶을 순탄하게 만들어주는 요건 중에 가장 기본이자 가장 큰 힘이 되는 것은 바른 성품을 갖추는 일이다. 하늘을 솟아오르는 힘은 그럴듯한 외형에 있지 않고 쉽게 드러나지 않는 인성을 기르는 것에서 얻을 수 있는 것이다.

진나라가 흔들리고 유방과 항우가 각축을 벌이던 때 만석군萬石君이라는 사람이 있었다.《사기》〈만석장숙열전〉에 그가 유방과 가까워진 일화가 나온다. 그는 열다섯 살에 낮은 벼슬아치가 되어 유방을 모시고 있었다. 유방은 특출나고 재주 많은 신하들에게 둘러싸여 있었지만 유독 그를 총애했다. 언제 어디서 무슨 말을 하더라도 예의가 있고 공손했기 때문이다. 만석군은 효문제孝文帝 시기에는 공적이 쌓여 태중태부라는 높은 벼슬자리를 얻는 데 이르렀다. 그는 글재주나 학문에 대해서는 다른 신하들에 비해 높은 식견을 자랑하지 못했다. 특별한 능력이나 재주를 가지고 있지 않아도 오직 공손하고 신중한 태도로 그렇게 높은 자리까지 오를 수 있었던 것이다. 그는 늙어서도 궁궐 문을 지날 때면 수레에서 내려 잰걸음으로 들어갔고, 자손들 가운데 지위가 낮더라도 관리가 된 사람이 찾아오면 임금의 관리가 된 것을 존중하여 반드시 조복을 입고 만났으며 함부로 이름도 부르지 않았다.

만석군은 자손들의 잘못을 지적할 때도 신중하였고, 죽을 때까지 예의를 벗어난 행동을 하지 않으려고 노력했다.

만석군은 가난하고 낮은 벼슬을 가진 사람이었지만 자신이 지닌 바른 마음을 태도로 드러내서 자손들까지 부귀하게 만든 사람이다. 그래서 아이들을 가르치고자 만들어진 《소학》에도 만석군의 이야기가 담겨 있다. 만석군은 공손한 태도에 있어서는 매우 특별한 사람이었던 것이다.

오늘날 사람들은 능력만 있으면 좋은 기회를 가질 수 있다고 생각한다. 하지만 만석군처럼 좋은 성품을 갖추는 것도 가장 탁월한 능력이 될 수 있다. 사마천은 만석군이 지나치게 공손한 것에 대해 비판적이었다. 입신을 위해 몸을 사리고 뜻을 펼치지 못한 것이 아니냐는 의심이 들었던 것이다. 하지만 높은 지위에 오르기 위한 것이든 아니든 간에, 공손하고 바른 태도는 사람과 사람 사이에서 반드시 필요하다. 공손한 사람을 보고 즐거움과 기쁨을 느끼지 않는 사람은 없다. 자기와 타인 모두에게 유익한 태도를 가지지 않을 이유는 없는 것이다. 공동체 안에서 건강하게 뿌리내리고 더불어 살아갈 수 있는 능력을 꼽는다면 이것보다 더 중요한 것은 없다.

어릴 때 익힌 성품은 쉽게 어그러지지 않는다

사람의 성품은 물과 같다. 물이 한번 쏟아지면 다시 담을 수 없듯이 성품이 한번 방종해지면 다시 돌이킬 수 없다. 물을 막으려면 반드시 둑을 쌓아 막듯이 성품을 바로 잡으려면 반드시 예법으로 해야 한다.**3**

《명심보감》〈계성〉에 나오는 이 말은 사람의 성품이 한번 어그러지면 엎질러진 물처럼 돌이킬 수 없게 됨을 강조하고 있다. 물은 한번 쏟아지면 다시 담을 수 없다. 사람의 성품도 한 번이라도 방종한 길로 들어서면 쉽게 바로잡아지지 않는다. 둑을 쌓아 막듯이 세심하게 관심을 기울이지 않을 수 없는 일이라는 의미이다.

《사기》에는 "초목이 실처럼 끊어지지 않으면 어떻게 하나? 터럭같이 작을 때 치지 않으면 장차 도끼를 써야 한다(緜緜不絶 蔓蔓柰何 豪氂不伐 將用斧柯, 조조부절 만만나하 호리불벌 장용부가)"라는 말이 있다. 이미 한 아름이나 되는 나무는 베기 어렵지만 싹이 돋아날 때에는 손으로도 쉽게 뽑을 수 있다. 제대로 기르지 못한 성품이 굳게 자리 잡으면 도끼를 써야 하는 아픔을 겪어야만 하는 것이다. 하지만 어렸을 때부터 좋은 성품을 가지도록 교육하면 그것이 몸에 배여서 쉽게 선을 넘거나 어긋나지 않는다. 나중에 어렵게 배우도록 하기보다 어렸을 때 쉬운 것부터 차근차근 익히는 것이 아이들을 힘들지 않게 하는 길이다.

○ ● ○

특별함을 선호하는 마음은 나에게도 있었다. 나의 글에 세상의 흔한 것들과는 다른 무언가를 담고 싶다는 열망을 가졌던 것 같다. 기존의 것과 다른 글을 쓰면 더욱 주목을 받고 인정받을 수 있지 않을까 기대했다. 그런데 그렇게 쓰면 되레 핵심적인 주장은 사라지고 공허하고 불분명한 글이 된다. 오만하고 어리석은 태도였던 것이다. 사실 중요한 가치들은 이미 모두 고전에 담겨 있었다. 단지 그것을 진지하게 고민해서 나의 생각으로 정리해보는 것만으로, 글은 새로운 의미를 획득한다. 그것도 모르고 허황되게 무언가 다른 것을 찾고 특별한 주장을 하려고 했던 것이 어리석고 부끄럽게 느껴졌다.

아이를 키울 때도 이와 다르지 않다는 생각이 든다. 아이가 갖추어야 하는 것은 올곧은 품성이다. 특별한 능력은 그 품성이 바탕이 된 후에나 가능한 것이다. 부모가 나서서 친구들과 놀게 주선하지 않아도 아이가 바른 인성을 갖추면 스스로 원만한 관계를 만들 수 있다. 부모가 선생님을 찾아서 이런저런 이야기로 환심을 사지 않아도 아이가 품성이 좋으면 학교생활이 편안해질 것이다.

배움에 있어서도 마찬가지이다. 지식에 대한 존중이나 겸손한 태도가 있어야 하찮은 것이라도 마음에 담아낼 수 있다. 그래서 가정에서 무엇보다 중시해야 하는 부분은 인성교육이다. 다른 것들은 어떤 대가를 지불하면 가정 밖에서도 배우도록 할 수 있지만 인성교육은 그렇지 않다. 아이를 화려한 무늬로 꾸밀지 아니면 내실이 단단한 아이로 키울지 생각해보면 반드시 후자가 전자보다 앞설 것이다. 평범하지만 강력한 사람이 되는 길은 인성을 갖추는 것 말고는 없다. 누구보다 강하고 단단한 아이가 되도록 가정에서 노력해야 한다.

마음을 다스릴 줄 아는
아이가 성장한다

사람의 마음은 하루에도 수만 갈래의 길을 따라 이어진다. 감정의 길을 따라가다 보면 즐거움을 만날 때도 있고, 괴로움과 슬픔을 마주할 때도 있다. 때로는 나를 즐겁게 만들던 감정 때문에 슬퍼지기도 하고, 괴로움이 마음을 밝히기도 한다. 감정은 단순하게 설명하기가 꽤나 어렵고 그래서 더욱 마음을 다루는 일이 힘든 것은 아닐까 생각해본다. 어른이 되어도 감정을 다잡고 평온한 마음으로 살아가는 것은 쉬운 일이 아니다. 더구나 자라나는 아이들에게 감정을 절제하기를 기대하는 것은 부당하다. 아이들은 감정의 파도를 쉬이 경험한다. 그래서 기꺼운 즐거움이나 순수한 슬픔 그리고 한없는 아쉬움과 같이 어른이 되면 가지기 어려운 감정을 느낀다. 그것이 한편으로는 부럽기도 하지만, 마음의 성장은 결국 수많은 감정을 흔들림 없이 마주하고 인내해야 이루어지는 것임을 알도록 지도해야 한다.

한때는 아이들에게 조금의 마음의 상처도 생기지 않도록 어루만져야 한다는 교육관이 널리 유행하기도 했다. 하지만 고전에서는 이와 달리 마음이라는 것은 다스리고 조절할 줄 알아야 한다고 한다. 이것은 비단 나쁜 감정에만 해당되는 것이 아니다. 기쁘고 즐거운 감정도 그것이 지나치면 독이 된다. 슬픔도 어느 정도선에서 머물러야 한다. 왜냐하면 기쁨이나 슬픔은 마음의 성질일 뿐이다. 그것을 보고 좋음과 좋지 않음을 분별할 수 없다. 고전에서는 좋은 감정이란 지나치지 않는 것뿐이라고 한다.

어떤 감정이든 절제하는 것이 중용이다

기쁨·노여움·슬픔·즐거움이 아직 드러나지 않는 것을 일컬어 '중中'이라 하고, 드러나더라도 모두 절도에 들어맞는 것을 일컬어 '화和'라고 한다. '중'이란 천하의 큰 본질이고, '화'란 천하에 통하는 도이다.[4]

《중용》제1장에 나오는 문장이다. 누구에게나 위와 같은 다양한 감정이 찾아온다. 감정을 쉽게 드러내지 않는 것은 가운데에 머무는 것이다. 중용은 어떤 감정이든 우선 절제할 줄 아는 것에서 출발한다. 만일 이런 감정이 드러나더라도 어긋남이 없다면 그것은 조화로운 삶이다. 물론 마음을 표현함에 있어서도 지나치지 않고 절도에 맞는 것이 가장 이상적인 모습이다. 하지만 중용에 다다르는 것은 어려운 일이므로, 작게나마 일상의 과도한 감정 표출을 막는 데서 시작해볼 수 있다. 아이들이라고 마음속에서 끓어오르는 감정을 거침없이 드러낸다면 그것은 곧 마음을 다스리는 방법을 전혀 배우지 않았다는 것이다.

특히나 아이들에게 가장 크게 문제가 되는 것은 분노를 참지 못하는 것이다. 마음에 들지 않는 일 앞에서 하고 싶은 말을 마음껏 쏟아내고 심지어는 과격한 행동으로까지 이어진다. 누군가는 이것이 자기 마음을 건강하게 표출하는 하나의 방법이 아닐까라는 생각을 가질 수도 있다. 감정을 억누르면 오히려 마음속에 울분이 쌓여 더 큰 병이 될 수도 있고, 또 다른 위험한 방식으로 드러날 수도 있다고 생각하기 때문이다. 하지만 분노라는 감정에 대해서는 언제나 크게 드러내는 것보다 스스로 제어하고 멈추는 법을 배우는 것이 먼저이다.

분노를 다스릴 때는 불을 끄듯이 하고 욕심을 막을 때는 물을 막듯이 하라.[5]

《근사록》에서는 격한 감정은 조금씩 드러내거나 사그라지게 만드는 것이 아니라고 말한다. 불이 났을 때 불을 조금씩 천천히 끄려는 사람은 없다. 화재는 단번에 제압해야 안전하다. 아이의 주위에서 불이 타오르고 있는데 그 이유를 묻고 많이 뜨겁지 않느냐고 묻는 부모는 없다. 이유를 불문하고 먼저 불을 꺼주는 것이 부모의 역할이다. 아이가 자기 분노를 감당하지 못하고 계속 표출하는 것을 건강하다고 여긴다면, 아이의 곁에 난 불을 그냥 지켜보는 것과 다르지 않다.

격한 마음은 주위의 사람들을 타도록 할 뿐만 아니라 자기 자신도 타게끔 만든다. 남에게 내뿜은 불길이 곧바로 자기에게 돌아오기 때문이다. 스스로를 태우려고 하는 아이에게는 우선 강력한 방법을 써서라도 멈추게 해야 한다. 그래서 아이들에게 참는 법을 가르치는 것은 곧 자신을 보호하는 방법을 가르쳐주는 일이다. 아이가 마음의 안정을 찾은 후에도 어렵지 않게 분노의 원인에 대해 이야기를 나눌 수 있다. 마음의 불을 끄고 비로소 마음을 들여다볼 수 있는 것이다.

삶에서 가장 필요한 덕목은 인내다

아이의 곁에서 너른 마음으로 분노를 지켜볼 수 있는 부모는 없다. 불은 반드시 옆으로 옮겨 붙게 되어 있다. 아이의 화는 결국 부모의 화로 이어지고 그것은 아이를 오히려 크게 다치게 만든다. 아이에게 남는 것은 후회와 자책이다. 스스로에게 결코 좋은 감정을 가질 수 없게 된다. 아이의 모든 것을 이해하고자 온전히 마음을 읽는 것에만 신경 쓰다 보면 오히려 아이가 자기 감정을 통제하지 못하게 된다. 참는 것을 가르치면 그 순간에는 아이에게 힘든 일을 감당하게 하는 것이지만, 그 순간이 지나가면 아이는 '스스로 감정을 통제했다는 것'의 의미를 조금씩 이해하게 된다. 일단 격한 감정은 드러내기보다 흘려보내는 편이 낫다는 사실을 깨닫는 것이다. 어떤 감정이라도 시간이 지나면 누그러진다. 모든 감정은 조금 누그러진 후에 들여다보아도 충분하다. 그리고 그 경험이 쌓이면 감정으로 스스로에게 상처 주는 일을 만들지 않게 된다.

참는다는 것은 무엇일까. '참을 인忍'이라는 한자를 들여다보면 칼날刀이 심장心 위에 놓인 형상이다. 심장을 향한 칼날을 보고 두려운 마음이 들지 않는 사람은 없다. 누구나 마음이 움츠러들고 눈앞이 캄캄해질 것이다. 그러나 그 앞에서도 두려움을 견디는 소수의 사람이 있고, 참지 못하는 다수의 사람이 있다. 그래서 참는다는 것은 누구나 할 수 없는 경이로운 일이다. 참는 것은 부끄러운 일이 아니라 대단한 용기이고 능력이다. 그래서 《설문해자說文解字》라는 자전에서는 참을 인을 '능할 능能'으로 해석한다. 참는 것은 능력이라고 볼 수도 있고, 사람의 수양이라고 볼 수도 있고, 삶의 지혜라고 볼 수도 있다. 인내란 감정을 다스리는 것이다. 자기 마음을 다스릴 수 있는 사람은 외부의 방해 요인에 쉽게 동요되지 않는다. 이를 아이들에게 어떻게 전달해야 할까. 무작정 참기만 하라고 하면 아이들은 인내의 의미를 억누르는 것으로 오해할 수밖에 없다. 반드시 '왜 인내하는 것이 삶에 도움이 되고 자기를 지킬 수 있는지'에 대해 많은 이야기를 나누어야 한다.

모든 행실의 근본에 있어 인내하는 것이 제일 중요하다.**6**

《명심보감》〈계성〉에 따르면, 공자는 삶에서 가장 필요한 덕목이 바로 '인내'라고 했다. 좋은 일이 생겼을 때 인내하지 않으면 쉽게 오만해진다. 좋지 않은 일이 생겼을 때 곧이어 낙담하고 포기하면 아무것도 이루지 못한다. 모든 일에 대해서 절제의 감정이 필요하다. 역사에 남은 사람들의 인생 면면을 살펴보면 인내하지 않은 경우는 없다. 공자야말로 배움을 위해 끝까지 인내한 사람이다. 남이 알아주지 않아도 부유함을 얻지 못해도 마음을 다스리며 학문에 정진해서 성인의 반열에 올랐다. 이처럼 큰 성취가 아니라 매우 소소한 성취라고 하더라도 안정된 마음을 가지지 않으면 쉽사리 이룰 수 없다.

아이들에게 인내를 가르치는 것은 매우 어렵다. 다른 사람에게 존중받지 못했다고 여기거나 무시당했다고 느낄 때 화를 내지 않고 견디기란 쉽지 않기 때문이다. 하지만 세상을 살아가며 모든 사람에게 이해를 받고 모든 사람으로부터 공감을 받는 것은 불가능하다. 모든 아이들이 자기 부모에게 있어서는 세상의 중심이지만 가정 밖에서는 여러 아이 중의 한 아이일 뿐이다. 그렇기 때문에 아이의 기분이나 감정에 일일이 주목하고 관심을 가져주는 환경은 불가능할 수밖에 없다. 아이가 자신의 감정을 통제하지 못하고 드러내도록 하는 것은, 아이의 감정을 보호하는 것이 아니라 아이를 무방비 상태에 노출시키는 것이다. 아이가 매번 그렇게 자기의 감정을 일일이 드러낸다면 주위의 친구들이나 선생님들도 그것을 편안하게 받아들이기 어렵다. 남에게 피해를 줄 뿐 아니라 스스로도 그런 거친 말과 행동에 대해 자유로움과 만족감을 느낄 수 없다. 자기의 감정은 외부에 보여주고 다른 사람을 통해 해결하는 것이 아니라 스스로 들여다보고 다스려야 한다. 마음의 작용은 타인을 통해 이루어지는 듯 보이지만 실제로는 지극히 개인적인 것이다. 감정의 책임은 언제나 아이에게 있음을 알려주어야 한다.

○ ● ○

인내의 의미를 고전에서 배우고 나서는 아이가 격한 감정을 드러낼 때 수월하게 대처할 수 있게 되었다. 아이는 자기 마음속에 어떤 감정이 떠돌고 있는지 잘 모른다. 그럼에도 오로지 어떤 마음인지를 묻는 것이 전부인 줄 알고 아이의 감정을 끄집어내기에 급급했던 지난날의 내 모습을 떠올려본다. 물론 어린 아이에게 즐거움마저 절제해야 한다고 가르칠 수는 없다. 기꺼이 기뻐하고 즐거워할 수 있는 것은 아이들의 특권이기 때문이다. 하지만 지나친 분노와 괴로움에 대해서 일일이 대화를 나누고 그것에 공감하면 할수록 되레 아이는 더욱 격한 감정을 느낀다는 것을 고전을 통해서 알게 되었고 경험으로 또 한 번 확인할 수 있었다.

분노는 아이를 보호하기 위해서 반드시 꺼주는 것이 먼저이다. 일단 격해진 분노를 막고 나면 화가 나서 저지를 수 있는 실언이나 실수를 막아줄 수 있다. 나의 도움으로 불씨마저 사라지면 그제야 진솔한 이야기를 나눌 수 있다. 그때 아이의 마음을 충분히 이해해주고 한껏 안아주는 것만으로도 나는 충분하다고 생각한다.

　작은 감정을 참아내는 능력이 축적되면 더 큰 어려움을 인내하고 더 많은 일을 해낼 수 있다. 조금 더 마음을 절제하게 되면 친구 관계에서도 도움을 받을 수 있다. 무엇을 해내거나 무엇을 배우거나 무엇을 견뎌야 하는 일 앞에서 아이가 조금씩 성장하는 것을 느낄 수 있다. 이것은 특별한 아이들만이 가질 수 있는 능력이 아니라 인내의 의미를 나눈 경험이 있는 아이들 모두 가질 수 있는 능력이다. 마음은 읽는 것이 아니라 다스리는 것이다.

예의는 아이를
빛내주는 옷이다

모든 사람에게는 타인의 사랑과 인정을 갈구하는 마음이 있다. 그래서 나의 아이가 많은 이들로부터 좋은 평가를 받기를 바라지 않는 부모는 세상에 없다. 부모라면 아이 혼자 쓸쓸히 있는 것보다는 언제나 친구들에게 둘러싸이고 선생님의 인정을 받는 학교생활을 바란다. 혼자 있어도 괜찮다는 말은 안위를 주는 말이기도 하지만 아이의 마음을 몰라주는 말이다. 어떤 아이에게든 좋은 친구는 힘이 되기 때문이다. 부모인 내가 누군가에게 인정받는 것보다 더욱 기쁜 일은 가장 사랑하는 나의 아이가 남에게 사랑받는 모습을 보는 것이다. 아이가 스스로를 좋아하면서 또 남에게도 인정받을 수 있는 방법이 있다면 그것을 굳이 가르치지 않을 이유가 없다. 그 방법은 바로 예의이다. 세상이 달라져도 사람과 사람 사이에는 지켜야 하는 예절이라는 것이 있다.

바탕뿐 아니라 무늬도 중요하다

가정에서는 아이의 존재만으로도 사랑을 받는다. 하지만 밖에 나가면 아이의 힘으로 관계를 맺어야 한다. 부모의 힘이 닿지 않는 곳에서도 좋은 생활을 할 수 있으려면 스스로를 꾸밀 줄 알아야 한다. 사람과 사귈 때 가장 먼저 겉으로 드러나는 부분은 예의가 있는 태도이다. 언제나 한결같이 자신을 드러내주기 때문이다. 그것은 옷처럼 때와 시기마다 바꿔줘야 하는 것도 아니고 비용이 들지도 않는다. 어려서부터 강조하면 누구나 가질 수 있는 것이다. 그리고 한번 몸에 장착하면 쉽게 사라지지 않는다. 《논어》 〈안연〉에는 위衛나라 대부 극자성棘子成과 자공子貢이 나눈 대화가 나온다. 극자성이 자공에게 "군자는 바탕만 갖추고 있으면 되는 것이지, 겉모습이나 형식을 꾸며서 무엇하겠습니까?"라고 물었다. 자공은 이렇게 대답했다.

무늬도 바탕만큼 중요하고 바탕도 무늬만큼 중요합니다. 호랑이와

표범의 가죽에 털이 없다면, 개와 양의 가죽과 다를 바 없습니다.**7**

군자는 바탕만 갖추고 있으면 되는 것이지 왜 겉모습이나 형식마저 꾸며야 하느냐는 질문에 자공은 무늬와 바탕 모두 중요하다고 말한다. 호랑이와 표범이 아무리 용맹하다고 해도 가죽이 있어야 호랑이인지 표범인지 알 수 있다는 것이다. 아무리 용맹한 개라고 해도 호랑이 무늬를 가지지 않으면 호랑이가 될 수 없는 것과 같다. 사람의 마음이 아무리 선해도 그것을 겉으로 드러낼 줄 모르면 그 사람의 선함은 아무도 알아주지 않는다. 좋은 마음은 반드시 겉으로 표현해야 알 수 있다. 누구도 겉모습을 뛰어넘어 바로 마음속을 들여다보고 사람을 판단하지 않기 때문이다. '인문人文'이라는 것은 사람의 무늬를 말한다. 사람에게는 호랑이나 표범과는 다른 사람만의 무늬라는 것이 있는데 그중 가장 기본이라고 할 수 있는 것이 예의를 갖추는 일이다.

《열자》에는 어떻게 자신을 꾸미느냐가 마음만큼이나 중요하다는 생각을 가지도록 만드는 짧은 일화가 나온다. 양주楊朱의 아우 양포楊布가 흰 옷을 입고 나갔다. 그런데 비가 오기 시작해서 옷이 다 젖자 검은색 옷으로 갈아입고 집으로 들어왔다. 그것을 본 개가 마구 짖기 시작했다. 옷을 바꿔 입은 주인을 알아보지 못한 것이다. 양포는 화가 나서 그 개를 때리려고 했다. 그 모습을 보고 형인 양주가 말한다. "개는 흰 옷을 입고 나갔던 네가 검은 옷을 입어서 알아볼 수 없었던 것뿐이다. 그것을 보면 누구라도 오해할 수 있을 것이다. 그러니 때리지 말아라."

흰 옷을 입든 검은 옷을 입든 모두 양포이다. 양포라는 본질은 달라지지 않는다. 하지만 외부의 시선은 겉모습에 따라 쉽게 변화한다는 것을 이야기를 통해 알 수 있다. 사람들은 대개 자신의 진의를 이해하지 못하는 타인들에게 언제나 불만과 아쉬움을 가진다. 하지만 양주의 개처럼 보이는 것을 그대로 믿는 경우가 그렇지 않은 경우보다 더 많다. 대부분의 사람은 타인의 모습이나 태도를 보고 마음을 가늠해볼 뿐, 마음을 먼저 보지는 못한다. 그래서 어떤 몸가짐과 말씨를 지닐 것인지에 대한 책임은 타인이 아니라 바로 자신에게 있다. 아이에게도 다른 사람과 더불어 살아가기 위해서 자신을 어떻게 꾸며야 하는지에 대해 부단히 알려주어야 한다. 물론 마음에 내키지 않는 꾸밈이 아니라 좋은 마음과 연결되는 태도를 가지도록 말이다.

함께 살아가는 세상의 필수 덕목

예와 의의 시작은 얼굴과 몸가짐을 바르게 하며, 낯빛을 부드럽

게 하며, 말을 이치에 어긋남이 없이 공손하게 하는 데에 있다.**8**

《예기》〈관의〉에서는 예의란 특별한 격식을 갖추는 것이 아니라 단지 겉모습을 반듯하게 하고 공손한 태도를 보이는 것이라고 말한다. 타인은 어떤 사람이 가진 재주나 능력으로만 그 사람을 평가하지 않는다. 누군가를 오랫동안 좋아하게 되는 이유는 어떤 능력보다도 그 사람이 가진 품성에 더욱 기인하기 마련이다. 위의 말처럼 사람들은 복잡하고 어려운 예절을 서로에게 바라는 것이 아니다. 표정이 온화하고 말이 공손한 것으로 충분하다. '인사'라는 말은 사람 인人과 일 사事가 만나서 '사람의 일'이라는 뜻이다. 무릇 사람이라면 언제나 인사를 할 줄 알아야 한다는 것이다. 인사를 잘하는 아이가 있고 인사를 잘 하지 못하는 아이도 있다. 인사를 잘 하지 않는 아이는 마음이 없는 것이 아니라 그것이 습관이 되지 않아 부끄러워하는 것일 뿐이다. 하지만 타인은 그런 부끄러움까지 관심을 둘 수 없다. 누구나 인사를 잘 하는 아이를 한 번 더 돌아보고 한 번 더 칭찬해준다. 어려운 일도 아닌데 그것이 익숙해지면 자신감이 붙고 세상에 대해 긍정적인 마음마저 생기게 한다.

예의란 함께 살아가는 데 반드시 필요한 덕목이다. 누구도 혼자 힘으로만 살아갈 수 없다. 부모의 사랑이 지극하기에 아이들은 자연스럽게 세상의 중심이 자기라는 생각을 가지게 된다. 물론 부모에게는 여전히 아이가 중심이 될 수 있다. 하지만 세상의 중심은 아이가 아니다. 아이는 타인과 더불어 살아가야 하는 사회의 일원일 뿐이다. 아무리 높은 위치에 있는 사람이라고 해도 세상이 한 개인에 의해 재편되는 일은 없다. 그래서 부모는 아이가 타인과 함께 살아갈 수 있는 사람이 되도록 도움을 주어야 한다. 예의를 모르고 자기가 내키는 대로만 말하고 행동하면 친구 관계에서도 어려움을 느낄 수밖에 없다.

지금은 모든 아이들이 반드시 배우지는 않지만 조선시대에는 배움의 시작을《소학》으로 했다. 아이에게 예의를 가르치고 싶다는 마음이 들어 소학을 짧게 정리한《사자소학》을 함께 공부하기로 했다. 아이가 일곱 살 때는 한글을 몰라서 매일 한 구절씩 읽고 따라해보도록 했다. 얼마나 마음에 담았는지 모르겠지만 즐겁게 한 번 읽어보았다. 그리고 1학년이 끝날 무렵 다시《사자소학》을 펼쳤다. 아이는 읽을 때마다 의문이 가는 것이 많다. 부모님이 부르시면 달려가서 대답해야 한다는 "부모호아 유이추진父母呼我 唯而趨進"을 배울 때는 대답만 하면 되지 왜 굳이 달려야 하는지에 대해서 묻고, 부모가 주신 옷이 비록 나쁘더라도 반드시 입어야 한다는 "의복수악 여지필착衣服雖惡 與之必着"에 대해서도 꺼림직한 눈빛을 보내기도 했다. 나는 아이에게 말 그대로 따르는 것이 아니라 그 의미를 알아야 함을 일러뒀다. 공손하게 대답할 줄 알아야 한다는 것, 부모가 준 것이 마음에 들지 않더라도 우선 감사한 마음을 가져야 한다는 것을 말해줬다. 아이는 외동이기 때문에 형제자매는 없지만 형제에 관련된 구절을 배우면서 친구나 사촌 동생을 배려하는 것도 이해하려고 노력하고 있다. 물론《사자소학》이 예의를 배우는 데 절대적으로 필요한 것도 아니고 그것을 익혔다고 해서 아이가 예의를 온전히 이해할 수 있다고는 생각하지 않는다. 하지만 예의를 가르치는 데에 반드시 인위적인 노력이 필요하다는 것을 알았다. 아이들은 실제로 나쁜 마음을 가져서 무례한 것이 아니라 배우지 못해서 무례한 것이다. 그것을 이해시키고 알려주는 어른이 있어야 아이가 생활하는 데 어려움을 가지지 않을 것이라 믿는다.

누구나 갖출 수 있지만 갖추기 어려운 것

하늘에 해와 달보다 더 밝은 것은 없고 땅에 물과 불보다 더 밝은 것은 없으며 물건에 주옥보다 더 밝은 것은 없고 사람에게 예의보다 더 밝은 것은 없다.[9]

《순자》〈천론〉에 나오는 말이다. 아이들에게 좋은 옷을 입히고 멋진 신발을 신기고 싶은 마음은 어떤 부모에게나 있을 것이다. 좋은 것으로 꾸미면 더 좋은 인상을 가지고 더 나은 관계를 가질 수 있다고 생각하기도 한다. 하지만 그보다 중요한 것은 공손한 자세와 겸손한 마음을 가지게 하는 것이다. 예의는 모두가 갖출 수 있는 것이지만 또한 아무나 쉽게 갖출 수 없는 것이기도 하다. 노력하지 않으면 좋은 옷이나 신발보다 더 가지기 어렵다. 익숙해지지 않으면 쉽게 행하기 어렵기 때문이다. 그래서 고전에서는 어려서부터 예의를 가르치는 것을 가장 우선으로 삼은 것이다. 일찌감치 가르치지 않고 제멋대로 두었다가 어떤 시기에 필요하다고 생각되어 바로잡으려고 하면 이미 늦는다. 아무리 어린 아이라도 세상에 통용되는 것과 그렇지 않은 것은 알고 있어야 한다. 그리고 몸가짐이라는 것은 가르치고 또 가르쳐서 몸에 맞는 옷처럼 익숙해질 때 비로소 밝게 빛날 수 있다.

○ ● ○

예의를 가르치는 일은 아이들의 자율성을 해치거나 속박하는 것이 아니다. 아이들은 언제나 자신의 생각을 자유롭게 말할 권리가 있다. 공손한 태도를 가지는 것은 결코 그와 어긋나는 것이 아니다. 자기 생각을 온전히 표현하는 것과 무례한 것은 전혀 다른 문제이기 때문이다. 무례함을 자유로움으로 착각하면 아이가 살아가면서 누릴 수 있는 자유가 오히려 제한된다. 무례한 사람을 받아줄 수 있는 사회나 사람은 없기 때문이다. 가정에서 배운 예의가 익숙해지면 세상에 나가서 훨씬 편안하고 여유로운 생활을 누릴 수 있다. 공손한 말씨와 태도를 가지고 있는 아이를 좋아하지 않을 사람은 없기 때문이다.

어두운 밤에도 빛으로 하늘을 밝히는 별과 달처럼, 바른 몸가짐을 할 줄 아는 아이는 스스로 빛을 낼 줄 아는 사람으로 성장할 것이다. 예의를 갖추는 일은 누구나 쉽게 할 수 있지만 많은 사람이 중요하게 생각하지 않아 이제는 쉽지도 않고 오히려 특별한 일이 되어버렸다. 이제는 특출난 능력을 찾으려 하기보다 모든 아이가 배울 수 있는 기본적인 것에 눈을 돌려야 한다. 사랑받는 아이, 관계가 원만한 아이가 되는 일은 그리 어렵지 않다. 예의를 배우고 그것을 생활 속에서 실천해야 한다. 예의는 아이를 빛나게 해주는 옷이다. 그것은 언제나 아이의 삶 곳곳에서 아이를 비추고, 주위의 사람마저 행복하게 해줄 것이다.

절도 있는 생활이
삶의 태도가 된다

누구나 행복하고 즐거운 삶을 꿈꾼다. 더욱이 아이들이 그런 삶을 살기를 바라지 않는 부모는 없다. 교육을 강조하는 것도 결국 아이들이 나중에 더욱 편안하고 행복한 삶을 살았으면 하는 부모의 간절한 마음 때문이다. 그래서 아이들의 성적에 관심을 갖고 그것을 높이는 데 애태우는 것 역시 이해할 수 있는 일이다. 좋은 성적이나 학력 같은 것이 뒷받침되면 앞으로의 삶에서 조금 더 유리한 위치를 점할 수 있기 때문이다. 하지만 그것은 아이들의 능력에 따라 다르기도 하고 단번에 해낼 수 있는 일이 아니기에 오래 쌓고 다져야 한다. 아이들이 그러한 능력을 펼치려면 부모의 조언이나 도움도 필요하지만 결국 아이 자신의 재량이 중요하다. 부모가 진정으로 도울 수 있는 일은 아이에게 지식을 담는 것이 아니라 아이가 생활을 바로 세울 수 있도록 틀을 잡아주는 것이다.

어렸을 때부터 폭넓은 지식을 담아주고 남들보다 앞서게 하는 것보다 중요한 건 생활의 절도를 마련해주는 것이다. 부모는 아이가 하루를 허둥대며 정신없이 시작하지 않도록 이끌어줘야 한다. 하루를 반듯하게 세우려면 하루를 시작하는 아침이 중요하다. 그 안에 이부자리를 정리하거나 아침을 제대로 챙겨 먹거나 학교 갈 준비를 평온하게 할 수 있는 여유가 있어야 한다. 그 단정함 안에서 아이가 지식과 경험을 정연하게 담아낼 수 있는 것이다. 이것은 아이가 개인적으로 해낼 수 있는 영역이 아니다. 아이의 생활은 부모의 생활과 같다. 부모가 어떻게 하루를 시작하고 하루를 마무리하는지에 따라 아이의 삶도 달라진다. 아이를 위해 나서서 커다란 보조를 해주려하기 전에 할 수 있는 최소한의 도움이 무엇인지 먼저 생각해봐야 한다.

소소한 일의 중요성을 가르치는 것부터가 교육이다

모든 안팎의 사람들은 첫닭이 울면 세수하고 양치질하고 옷을 입는다. 베개와 대자리를 걷고 방과 마루, 뜰에 물을 뿌리고 청소한 다음 자리를 펴놓는다. 그런 다음에 각자가 맡은 일을 한다.**10**

《소학》에서는 《예기》의 〈내칙〉을 인용해서 모든 사람이 일어나서 해야 할 일들을 세세히 이야기하고 있다. 가족 모두가 아침에 일어나서 해야 할 일이라는 것이다. 일어나 바로 씻고 옷을 입고, 이부자리를 정리한 후 마당을 청소하는 것이 하루의 시작이다. 그다음에 비로소 각자가 해야 할 일을 하는 것이라고 말한다. 하루를 어떻게 시작하는지에 대해서 고민하는 부모는 그리 많지 않다. 어떻게 공부를 시키고 성적을 올릴 수 있는가에 대해 걱정하는 것에 비하면 고민이라고 할 수도 없다. 하지만 이처럼 작은 일에 마음을 쓰는 것이 아이를 가르치는 데에 중요하다는 것을 말해주고 있다. 이 안에 담긴 모든 것을 우리 아이들이 해내야 한다는 것은 아니다. 무엇을 담는지가 아니라 담아야 하는 것이 있다는 것을 아는지가 중요하다.

《논어》〈자장〉에는 자유子游와 자하子夏가 위와 같은 소소한 것들이 교육에 필요한지에 대해 논쟁을 나눈다. 자하의 제자들은 《예기》에서 말하는 것처럼 생활에서 실천해야 하는 일에 대해 소홀하지 않았던 것 같다. 그 모습을 보고 자유가 비난의 말을 한다.

"자하의 문인과 제자들은 물을 뿌리고, 비질하는 일이나, (손님을) 응대하고 나아가고 물러가는 예절은 괜찮다. 그러나 그것은 말단이고 근본이 없으니 어쩌겠는가?"

자하가 대답했다.

"자유의 말이 지나치구나! 군자의 도에서 어느 것을 먼저 전해야 하는가? 어느 것을 나중으로 미루어두겠는가? 이를 풀이나 나무에 비유하면 사람의 수준에 따라 가르침을 달리하는 것이다. 군자의 도에서 어느 것을 속이고 함부로 할 수 있겠는가? 처음부터 끝까지 일관되게 갖추고 있는 것은 오직 성인뿐이다."[11]

자유는 학문을 하는 것이 근본이고 청소하고 응대하는 일은 말단이라고 했다. 학문을 제대로 하지도 못하면서 그러한 말단에만 마음을 쓰는 것은 큰 문제가 아닐 수 없다는 것이다. 하지만 자하는 쓸고 닦고 예절을 갖추는 일이 비록 말단이라고 하더라도 소홀히 할 수 없다고 말한다. 성인이라면 이 근본과 말단을 겸비할 수 있지만 아직 배움에 이르지 못한 어린 사람들은 근본에 다가가기 위해 말단이라도 신중하게 배워야 한다는 것이다. 그래서 《이정전서》는 '물 뿌리고 쓸고 닦고 물음에 대답하는 것으로부터 성인의 일에 이를 수 있다(自灑掃應對上 便可到聖人事, 자쇄소응대상 편가도성인사)'라며 소소한 일들의 중요성을 강조했다. 아이들이란 아직 부모들이 원하는 배움의 단계에 쉽게 이르지 못한다. 그러나 작은 것처럼 보이는 삶의 태도가 학문을 이어가는 데에도 반드시 도움을 주고, 누구나 실천할 수 있는 것을 행함으로써 더 높은 단계에 이를 수 있는 가능성이 생긴다는 뜻이다.

일상이 바로 서지 않으면 아무것도 이룰 수 없다

썩은 나무로는 조각을 할 수 없고, 더러운 흙으로 쌓은 담장에는 흙손질을 할 수 없다. 너에 대해 내가 무엇을 탓하겠느냐?**12**

《논어》〈공야장〉에서 공자는 낮잠을 자는 재여宰予를 보고 한탄하며 위와 같이 말했다. 공자는 재여의 태도를 본 후 판단의 기준이 바뀐 것으로 보인다. 예전에는 말을 듣고 행동을 믿었는데, 이제는 말을 듣고도 행동을 살피게 되었다고 말한다. 번지르르하게 말하는 사람보다 일상의 태도를 보고 그 사람을 판단할 수 있다는 것이다. 공자는 사람의 겉모습을 일일이 판단하거나 지나치게 엄격하고 가혹한 스승은 아니었다. 논어의 곳곳에는 사람에 대한 포용과 유연함이 담겨 있기 때문이다. 아마도 재여가 한 번 낮잠을 잤다고 그런 가혹한 평가를 내린 것은 아닐 것이다. 이런 작은 행동들이 어긋나면서 마음이 흐트러지고 학문을 바로 세우는 데에 어려움을 느낄 수밖에 없다는 의미이다.

결국 공자의 판단대로 재여는 학문을 이루기는커녕 더 큰 화를 당한다. 《사기열전》을 보면 재여가 훗날 제나라 도성 임치臨淄의 대부인 높은 지위를 얻었지만 전상田常이라는 사람과 난을 일으켜 그 일족이 모두 죽임을 당하게 되었다고 한다. 일상이 바로 서지 않으면 불손해질 수밖에 없다. 그 작은 어긋남이 쌓여서 큰 재앙을 자초하게 된 것이다.

아이가 공부를 잘하는데 기뻐하지 않을 부모는 없다. 아이가 좋은 성적을 내고 좋은 기회를 얻기를 바라지 않는 부모가 어디에 있을까. 그런데 학문이라는 것은 부모가 끝까지 나서서 도와줄 수 있는 영역은 아니다. 아이에게 무엇보다 동기나 의지 같은 것들이 생겨야 한다. 그런 것들과 연결되는 것이 바로 생활의 절도를 가지도록 하는 것이다. 이것은 부모의 도움이 없이 아이 혼자서 이룰 수 있는 것이 아니다. 부모가 늦게 자고 늦게 일어나며 반듯하게 하루를 시작하는 것의 의미를 모르면, 아이도 그것을 모를 수밖에 없다. 반대로 부모의 좋은 생활습관이 보인다면 아이도 일상의 절도가 무엇인지, 아침을 상쾌하게 시작하는 것의 의미를 저절로 알게 된다. 하루를 단정하게 시작하면 학교의 생활뿐 아니라 자기의 삶이 바로잡히는 것을 아이 스스로 깨우친다. 아이가 성실하게 학업을 이어가기 위해서는 가정에서의 생활에 일정한 규칙이 있어야 한다. 매번 달라지고 혼란스럽고 황망하게 하루를 시작하는 아이가 안정적인 마음을 배우고 그것을 이어나가기란 쉽지 않다.

그렇다면 생활의 절도를 만들려면 어떻게 해야 할까? 당장 아침에 일찍 일어나서 이부자리를 정리하고 아침 공부를 하고, 낮잠을 자지 않고, 매일 같은 시간에 공부를 하는 등 여러 가지 루틴을 만들어서 손바닥 뒤집듯이 한 번에 실천할 수 있을까. 그것은 매우 어려운 일이다. 또한 이미 굳어진 습관은 단번에 바꾸기가 어렵다. 고전에는 이런 상황에서 큰 것을 바꾸기 위해 작은 변화를 시도한 이야기가 있다.

춘추시대 초나라 사람들은 비거庳車라고 하는 작은 수레바퀴와 낮은 수레를 좋아하는 습성을 가지고 있었다. 초장왕楚莊王은 말이 비거를 끌기 어렵다고 여겨서 법령을 만들어 수레를 높이려고 했다. 하지만 이에 재상 손숙오孫叔敖는 "법령을 자주 내리면 백성은 어느 것을 따라야 할지 모르게 되므로 좋지 않습니다. 왕께서 꼭 수레를 높이고자 하신다면, 청컨대 그 마을의 문지방을 높이도록 하십시오. 수레를 타는 사람은 모두 군자이고, 군자는 자주 수레에서 내릴 수 없습니다"라고 말했다. 수레가 아니라 문지방을 높이자 사람들은 모두 자발적으로 수레를 높이게 되었다고 한다. 논리적인 이유를 대어도 익숙한 것에 대해서는 쉽게 바꾸고 싶어 하지 않는 것이 사람의 마음이다. 단단하게 자리 잡은 습속은 더 좋은 것 앞에서도 변화를 도모하기 어렵다. 그래서 이미 굳어진 생활습관을 눈에 보이도록 바꾸기보다는 작은 것 한 가지씩 시도해보면서 변화를 이끌어내야 한다.

하루가 쌓여 삶을 이룬다

아침밥과 저녁밥이 이른지 늦은지를 보면 그 집안이 흥할지 망할지 점칠 수 있다.[13]

《명심보감》〈치가〉에 나오는 말이다. 아침밥과 저녁밥의 시간을 앞으로 당기는 것은 어떤 가정에서는 실천하기 어려울 수도 있다. 하지만 조금이라도 아이의 생활에 절도가 생기도록 하기 위한 나름의 노력은 기울일 수 있다. 오후의 간식을 줄이고 저녁밥을 일찍 먹는 것을 실천해볼 수도 있고, 아침에 일어나서 간단한 루틴을 한 가지만 만들어보아도 좋다. 아이의 생활을 탓하고 그것을 곧바로 개선하고자 하는 것은 낮은 수레를 좋아하는 백성의 습속을 바꾸는 것처럼 어려운 일이다. 그러나 가정마다 문지방을 높이는 정도의 노력은 할 수 있다. 그 형태나 방식은 다르겠지만 아이의 큰 변화를 이끌어내기 위해서 작은 변화를 주는 노력을 게을리해서는 안 된다.

부모는 아이의 미래를 모르지만 현재를 알고, 누구보다 현재를 바꿀 수 있도록 도울 힘을 가졌다. 일상에 절도가 생기는 것은 학문을 이루기 위해서는 말단이라고 볼 수 있지만 삶에 있어서는 말단이 아니라 근본이다. 하루를 어떻게 시작하느냐가 하루를 스스로 얼마나 통제할 수 있는지에 영향을 주고, 하루가 쌓여 삶을 이루기 때문이다.

○ ● ○

가정에서 아이를 위해 해줄 수 있는 일은 단정하고 평온하게 하루를 시작하게 하는 일이다. 고전에서는 아주 짧더라도 자기를 바로 세울 수 있는 시간이 있는 것과 없는 것의 차이는 대단하다고 말하고 있다. 그래서 나는 아이에게 무엇을 가르칠지보다 어떤 생활을 가지도록 할지에 먼저 마음을 써야겠다는 생각을 한다. 아이의 생활에 절도가 생긴다는 것은 당연히 나의 생활에 절도가 있어야 한다는 것을 의미한다. 아이의 하루에 의미가 생기려면 우선 내가 나의 삶을 반듯하게 세우는 수밖에 없는 것이다. 이미 굳어진 습관을 바꾸는 건 결코 쉽지 않지만, 조금 부지런하게 하루를 시작하는 일이 나와 나의 아이 모두에게 도움이 된다면 못할 일도 아니다.

생활의 절도 안에서 아이가 하고자 하는 일을 분주하지 않게 해낼 수 있다면 그것이 무엇이든 나는 부모로서 도움을 준 것이 된다. 아이의 삶의 토대를 마련해주는 것에 먼저 마음을 다해야 한다. 부모가 적극적으로 나서야 할 일은 생활의 절도를 만들어 주는 것이다.

평소를 즐기는 아이가
자신의 삶을 사랑한다

매일 매일의 일상은 반복된다. 매일 아침 해가 뜨고 해가 지는 것처럼 누군가의 하루도 그렇게 특별할 것 없이 시작되고 또 마무리된다. 다양하고 특별한 경험 안에서 새로운 것을 발견하고 경탄하는 일은 자주 일어나지 않는다. 하지만 똑같아 보이는 평소의 삶에서도 누군가는 만족과 즐거움을 느끼고 또 다른 누군가는 권태와 지루함을 느낀다.

아이들의 삶도 다르지 않다. 모두 아침에 일어나 학교생활을 하고 하교한 후 나름의 루틴을 가지고 하루를 끝마친다. 어른들에게만 평소의 의미가 중요한 것이 아니라 아이들에게도 평소가 필요하다. 그렇다면 아이의 평소를 그저 어쩔 수 없이 보내며 휴

일의 특별함을 기대하는 날로 채우게 할 것인가, 아니면 아이에게 특별할 것 없는 일상의 날들이 오히려 삶에서 중요함을 알려 줄 것인가.

인생에서 보내는 절대 다수의 삶은 평소와 연결되어 있다. 매일 반복되고 축적되는 날들이 사람의 삶을 이루는 큰 축이 된다. 그 중심 위에서 새로운 경험이나 즐거운 추억도 함께 쌓아가는 것이다. 평소가 없이 새로움만을 추구하는 것은 삶의 중심축을 버리는 것과 같다. 아이들의 일상은 부모가 일상을 어떻게 보내는지에 따라 달라진다. 언제나 일상의 삶이 아닌 특별한 무언가를 꿈꾸는 부모 밑에서는 아이도 일상의 의미를 잘 알지 못한다. 기쁨과 즐거움으로 가득 찬 이벤트를 즐기더라도 중요한 것은 일상에 있다고 생각하는 부모에게는 또 그렇게 생각하는 아이가 있다. 삶의 기본이 되는 '평소'를 아이들이 즐겁게 경험하고 의미를 알 수 있도록 도와주어야 한다. 중심을 잃으면 새롭고 특별한 경험도 깊이 전해지지 않기 때문이다.

뿌리가 튼튼해야 가지와 잎이 무성해진다

흰색은 다섯 색깔의 바탕이다.14

《관자》에 나온 이 말은 흰색, 즉 기본의 중요성을 일러둔다. 평소平素는 특별할 것 없는 보통의 날을 말한다. 평소는 고르다는 것을 의미하는 '평平'과 '본래의', '희다'는 것을 뜻하는 '소素'가 만나서 이루어진 말이다. 소란 아직 물감을 들이지 않은 흰 비단을 말한다. 흰 비단이 있어야 오색의 물감으로 다채로운 빛깔을 낼 수 있다. 어떤 그림이든 평평하고 고른 하얀색 도화지가 바탕이 되는 것처럼, 평소는 무엇을 담아내기 전에 마련되어야 하는 삶의 중요한 바탕이다. 노자는 "본바탕을 그대로 나타내고, 있는 그대로의 나를 지켜, 사사로운 정을 억누르고, 나를 위한 욕심을 적게 해야 한다(見素抱撲 少私寡欲, 견소포박 소사과욕)"라고 했다. 여기서 '소'는 소박함과 단순함이 있는 마음을 강조하기 위해 쓰였다. '나'는 본래 소박하고 꾸밈이 없는 것인데 그 안에 욕심을 채워 넣는 것이 문제라는 뜻이다. 장자는 "'소'란 함께 섞인 것이 없는 것을 말한다(故素也者 謂其無所與雜也, 고소야자 위기무소여잡야)"라고 했다. 이것도 마찬가지로 꾸밈없는 마음이기도 하고 본래 그대로인 자연을 말하기도 한다.

이제는 주말이든 평일이든 아이들이 밖에 나가서 즐길 거리가 참 많다. 각종 체험이나 여행도 넘쳐난다. 그래서 많은 부모는 견문을 넓히기 위해서 아이들을 밖으로 데리고 가서 많은 것을 경험하게 해준다. 그것은 아이들의 어린 시절을 즐거움으로 가득

채운다. 주말마다 피곤함을 무릅쓰고 그런 노력을 기울이는 부모들의 노력은 박수 받아 마땅하다. 왜냐하면 그 안에 언제나 아이가 조금 더 많은 것을 느끼고 생각이 깊어졌으면 하는 간절한 마음이 담겨 있기 때문이다. 그러나 아무리 좋은 것도 지나치면 도움이 되지 않는다. 새로운 추억을 매번 쌓기만 하면 그것은 더 이상 새로운 추억이 아니다. 평소가 다종다양한 이벤트로 채워지면 아이들의 마음은 매번 특별한 자극을 요구하게 된다. 흰 바탕 위에 가끔씩 채색을 해야 그 색이 돋보이고 기억에 남는 것이다. 흰 바탕이 보이지 않을 정도로 그림을 그리고 빛깔을 담으면 도대체 뭘 그리는지조차 알 수 없게 되는 것과 같다.

어떤 그림을 그리든 흰 바탕이 있어야 한다. 평평하고 흰 바탕은 저절로 갖춰지지 않는다. 평소를 성실하게 보내고 그것에서 의미를 끌어낼 줄 알아야 갖춰진다. 다채로운 것들을 담기 전에 먼저 나와 아이는 평소를 얼마나 유익하게 보낼 수 있는지 혹은 얼마나 중요시하고 있는지 고민해야 한다. 평소가 바탕이 되어야 그 위에 다양한 것을 쌓아도 멋진 그림이 될 수 있기 때문이다.

평소는 아이들의 삶에서 주가 되어야 하고, 특별한 경험과 즐거움은 예외적이고 부수적인 것이 되어야 한다. 뿌리가 튼튼해야 가지와 잎이 무성해진다. 보이는 지엽枝葉에만 마음을 쓰면 그것을 지탱하는 본本이 흔들린다. 본말은 모두 중요하지만 선후가 있다. 본이 먼저고 말이 다음이다. 삶 속에서는 반복되고 특별할 것 없는 평소가 먼저이고 그 여타의 새롭고 특이한 경험은 나중이어야 한다.

평소의 삶을 견딜 수 있는 힘

저 우리의 노고를 덜어주는 것을 보라. 텅 빈 방에서 밝음이 생겨난다. 길한 것, 상서로운 것은 조용히 정지해 있는 것을 정지하게 한다. 막 무언가가 되려고 하는 것은 조용히 정지해 있지 않다. 이것을 나는 '앉아 있으면서도 전속력으로 내달리기坐馳'라고 부른다.[15]

《장자》〈인간세〉에 나오는 말이다. 아이들의 생각은 언제 깊어지는가. 이는 어른들의 정신이 언제 명료해지는지를 생각해보면 어렵지 않게 알 수 있다. 가만히 정지해 있거나 걷는 정도의 단순한 움직임 안에서 많은 고민이 생겨나고 끊임없이 생각이 이어진다. 그래서 여가를 즐거움으로 채우는 큰 이유는 생각하고자 하는 것이 아니라 마음을 비우고자 하는 것이다. 반복되는 일상은 시끄럽기보다는 고요하고 지나친 움직임보다는 정지에 가깝다. 아이들의 생각 역시 고요함 안에서 더 깊어진다. 소리로 가득 채워진 와중에도 소리가 없을 때가 필요하다. 장자는 '상서로운 것은 정지해 있는 것을 정지하게 만든다'라고 했다. 평소는 특별함이라곤 아무것도 없어 보이지만 그 안에서 더 깊고 아득한 생각을 자라나게 만들 수 있다. 생각은 생각할수록 깊어진다. 경험 조차 그것에 대해 깊게 사고하지 않으면 쉽게 휘발되기 마련이다. '앉아 있으면서도 전속력으로 내달릴 수 있는' 마음의 의미를 아이들의 평소 삶에도 적용시켜볼 수 있다.

밖에 나가보면 아이들이 할 수 있는 일들이 넘쳐난다. 물론 학습적인 것들도 많고 아이들에게 도움이 되는 것들도 많다. 그러나 아무리 좋은 것이라고 해도 일상을 해치고 평소를 방해한다면 그것은 더 이상 아이에게 좋은 일이 아니라는 것을 알아야 한다. 주말마다 자극적인 놀이들로 시간을 채우고 나면 평일을 안정적인 마음으로 대하기 어렵다. 다양한 경험은 평소의 시간을 해치지 않을 정도로 이루어져야 의미가 있다. 평소를 해칠 정도가 되면 더 이상 유익한 것이 아니라 해가 된다.

더 나아가 아이들의 삶은 언제나 신나는 체험으로만 이루어질 수 없다. 주위를 둘러보면 초등 고학년만 되어도 본격적인 학업이 시작되어서 바쁜 아이들이 정말 많다. 어렸을 때 지나치게 노는 것에 치중했던 아이는 평범한 바탕 안에서 학업을 이어나는 것이 매우 지루하고 힘들 수밖에 없는 것이다. 학업뿐 아니라 나중에 어른이 되어서도 언제나 평소의 삶을 견딜 수 있는 힘을 가지고 있어야 한다. 가정이든 그 밖의 일이든 언제나 평소가 삶의 많은 부분을 차지하고 있기 때문이다. 여행이나 특별한 체험들은 평소의 삶에 어느 정도의 활력이 되어줄 수는 있지만 평소의 삶을 대체할 수는 없다. 여행을 직업으로 삼는 사람들에게도 여행은 다시 평소의 삶이 되어버린다. 반복되는 평소의 의미를 모르면, 아이는 일상에서 언제나 벗어나고 싶어 하고 불만족스러운 마음으로 살 수밖에 없는 것이다.

아이들이 만일 평소의 의미를 모르고 반복적인 일상에 대해 지루함을 느낀다면 부모가 자극적인 즐거움과 조금은 멀리할 수 있도록 도움을 주어야 한다. 특별한 자극을 추구하는 것은 끊임없는 욕망을 추구하는 욕심과 다름없다. 특별함이 없는 일상이 삶에서 더욱 중요한 것이고, 매번 같아 보이지만 그 안에서 나름의 노력을 기울이는 삶이 가장 좋은 것임을 알려줄 필요가 있다. 아이가 즐거워할 만한 자극적인 놀이를 찾아주기보다 조용하고 안온한 삶에 대해서 경험하고 느낄 수 있도록 해주어야 한다.

장자는 "산림이나 들판에서 노닐면 아름다운 경치는 우리를 매우 즐겁게 만들어주지만 그 즐거움이 채 끝나기도 전에 슬픔이 뒤따른다(山林與 臯壤與 使我欣欣然而樂與 樂未畢也 哀又繼之, 산림여 고

양여 사아흔흔연이락여 락미필야 애우계지)"라고 했다. 고전에 따르면, 가장 큰 행복은 특별한 것이 없는 상태이다. 지나침이 없는 것이 삶의 가장 큰 복이라는 뜻이다. 그래서 순자는 "화가 없는 것보다 더 나은 복이 없다(福莫長於無禍, 복막장어무화)"고 했다. 커다란 재앙이 없으면 그것이 좋은 삶이라는 것이다. 마찬가지로 아이의 삶이 단순하게 흐르고 그것이 비록 커다란 즐거움이 아니라고 해도 편안하게 일상을 지내고 하루를 마무리하는 것이 오히려 아이의 삶에 보탬이 된다는 점을 알아야 한다.

특별함은 단단한 평범함에서 나온다

서른 개의 바퀴살이 한 바퀴통을 함께한다. 그 없는 것을 맞아 수레로 씀이 있다. 흙을 반죽해서 그릇을 만든다. 그 없는 것을 맞아야 해서 그릇이라는 유용함이 있다. 출입문과 창문을 뚫어서 방을 만든다. 그 없는 것을 맞이해서 방이라는 유용함이 있다. 그러므로 있는 것으로서 이로운 것이 된다. 없는 것으로서 쓸모 있는 것이 되기 때문이다.[16]

《도덕경》 제11장에서 노자는 '없음'의 쓸모에 대해 말했다. 그

룻이라는 것은 반드시 없는 것을 드러내야 있는 것을 채워 넣을 수 있다. 출입문과 창문이 없는 방은 사람이 살 수 없다. 없는 것이 있어야 그 안에 사람이 드나들고 햇빛과 바람을 맞이할 수 있는 것이다. 즉 비워내야 쓰임이 생긴다는 의미이다. 특별한 경험이 자기에게 유용하고 의미를 가지기 위해서는 특별하지 않은 평소가 단단히 자리 잡고 있어야 한다. 있는 것은 언제나 없는 것이 있어야 쓰임이 있기 때문이다.

아이들이 매일 집 앞에서 뛰어 노는 것도 평소이다. 먼 곳에 가서 에너지를 쏟고 눈이 돌아가는 경험을 하는 것은 평소의 의미와 거리가 멀어지는 것이다. 아이들은 평범한 일상 속에서도 즐거움을 발견할 수 있다. 특별함을 전해주고 싶은 부모들의 마음은 좋은 것이지만, 그것이 아이의 앞으로의 삶에도 영향을 준다는 생각을 한다면 조금은 자제하고 물러서야 함을 알게 될 것이다. 결국 누구나 더 많은 시간을 일상의 소박함과 함께해야 하기 때문이다. 그 일상이 본래 좋은 것이고 즐거움이라는 것을 알아야 평범함에도 만족할 수 있게 된다.

○ ● ○

평소의 의미를 알게 되니 아이에게 뭔가 특별한 경험을 만들어 주어야겠다는 고민이 누그러졌다. 그리고 이전과 다르지 않은 평소의 시간을 달리 바라보게 되었다. 새로운 것을 꿈꾸고 그 안에서 더 많은 것을 얻을 수 있다는 생각이 줄어드니 지금 당장 아이와 함께 이런저런 이야기를 나누며 마주하는 시간이 훨씬 소중하게 느껴진다. 함께 새로운 곳에 찾아가는 것도 여전히 재미있지만 그보다 아이와 마주보고 앉아서 학교나 친구 이야기를 듣는 것이 좋다. 평소의 시간에 오히려 아이와 더 많이 진솔한 대화를 이어갈 수 있기 때문이다. 서로의 눈을 더 자주 맞출 수 있으니 마음이 더 가까워진다. 나중에 아이의 이야기를 들어보면 다른 사람들을 따라 찾아간 많은 곳들보다 나와 평소에 보냈던 시간을 더욱 기억하고 좋아했다는 것을 알게 된다.

많은 아이들이 경험하는 것이라고 해서 반드시 우리 아이에게도 좋은 것은 아닐 수 있다. 또한 아무것도 하지 않는 시간도 아이에게 무언가를 하려는 마음이 생겨나게 한다. 평소를 비워 놓아야 무엇을 하고자 할 때 더욱 의욕이 생기기도 하는 것이다. 평소가 바로잡히면 가끔의 자극적인 즐거움도 일상의 안정을 해치지 못한다. 그래서 언제나 평소는 어른들뿐 아니라 아이들에게도 삶의 중심이 되어야 하고 인생의 뿌리가 되어야 한다고 생각한다. 그래야 자신의 삶을 사랑하고 또 자신을 좋아할 수 있기 때문이다.

배우려는 마음이 있어야
가르침을 받는다

고전에 담겨 있는 성현들은 모두 스승이었다. 그들을 따르는 제자가 많든 적든 모두 배움을 전수하는 일을 했던 것이다. 그것이 지금까지 남아서 여전히 많은 사람이 배우는 글과 말이 되었다. 좋은 가르침을 내려주는 것은 이처럼 숭고한 일이다. 수천 년이 지난 오늘날까지도 많은 사람의 삶에 영향을 주기 때문이다. 배움은 이렇게 오래전의 스승에게도 얻을 수 있지만 지금을 함께 살아가는 사람들에게도 얻을 수 있다. 아이들에게 가르침을 주는 사람이 누구냐고 묻는다면 가장 먼저 떠오르는 사람은 학교 선생님이다. 아이들은 때가 되면 선생님과 만나 배움을 시작한다. 그렇게 배움의 길로 지도指導해주고 인도引導해주는 것이 선생님이다. 여기에서 쓰이는 '도導'는 모두 이끈다는 뜻이다. 형태를 보면 사람이 나아가야 할 길道로 손으로 끌어주고寸 안내해준다는 의미를 가진다. 무릇 사람이란 길을 가야 하고 그 길은 혼자만의 힘으로 갈 수 없기에 좋은 길로 이끌어줄 사람이 필요하다.

그래서 배우는 사람은 언제나 가르침을 주는 사람을 존경할 수 있어야 한다. 그것은 특별한 설명이 필요한 이야기는 아니지만 아이들이 저절로 알게 되는 것도 아니다. 부모가 나서서 짚어주지 않으면 의미를 스스로 이해하기는 어렵다. 선생님의 의미와 감사함에 대해 막연히 아는 것과 정확히 아는 것은 선생님을 대하고 학교생활을 하는 데 커다란 차이를 만든다. 아이들이 선생님을 어떻게 바라보느냐에 따라 더 많이 배울 수 있고, 더 깊이 배울 수 있다. 배우는 사람은 가르치는 사람에 대해 언제나 존경과 감사의 마음을 가져야 한다. 배움의 크기는 배우는 사람의 태도에 따라 달라지기 때문이다.

배우고자 하는 사람은 항상 겸손해야 한다

선생이 가르치면 제자는 이를 받아들여 온화하고 공손한 태도와 겸허한 마음을 가지고 선생에게 배운 것을 극진하게 해야

한다.[17]

《관자》〈제자직〉에는 제자들이 지켜야 하는 것들을 세세히 적고 있다. 마음의 태도 말고도 새벽에 마당을 쓸고, 밥을 짓고 잠을 자는 순간까지 어떻게 선생님을 모셔야 하는지에 대해 설명하고 있다. 이것을 지금도 곧이곧대로 따라해야 한다고 말하는 사람은 아마 없을 것이다. 하지만 오늘날 우리가 이 글에서 얻을 수 있는 것은 배우고자 하는 사람의 마음가짐이다. 배우는 사람은 가르침을 주는 사람에게 어떤 마음을 품어야 하는가. 가르치는 사람에게 존경의 마음을 품지 않으면 결코 제대로 배우는 사람이 될 수 없다. 《서경》에는 "배우지 않으면 담을 향해 서는 것 같아서 일에 임하여 번거롭기만 할 것이다(不學 牆面 莅事惟煩, 불학 장면 입사유번)"라는 말이 있다. 배우지 않고는 세상과 자기 삶에 대해 전혀 알지 못한 상태로 살아가야 한다는 뜻이다. 선생님이란 꽉 막힌 담장이 아니라 탁 트인 곳을 바라보게 해주는 존재이다. 그래서 쓸고 닦고 밥을 차리는 등 살뜰히 챙기면서라도 배우고자 하는 것이 학생의 태도였던 것이다.

《사기》〈유후세가〉에는 유방을 도와 한漢나라를 세운 공신 장량張良의 신비로운 이야기가 실려 있다. 한韓나라 사람이었던 장량은 한나라를 멸망시킨 진나라에 복수하기 위해 진시황을 죽이려고 했지만 실패했다. 그 후 이름과 성을 바꾸고 하비라는 곳에서 숨어 살고 있었다.《사기》의 이야기를 그대로 옮기면 아래와 같다.

장량이 일찍이 한가한 틈을 타 하비의 다리 위를 천천히 걸어가는데, 한 노인이 거친 삼베옷을 걸치고 장량이 있는 곳으로 다가와 곧장 자기 신발을 다리 밑으로 떨어뜨리고는 장량을 돌아보며 말했다.

"젊은이, 내려가서 신발 좀 주워 와!"

장량은 의아해하며 때려주려고 했으나 나이가 많은 사람이라 억지로 참고 내려가서 신발을 가져왔다. 그러자 노인이 말했다.

"나한테 신겨!"

장량은 이미 노인을 위해서 신을 주워 왔으므로 몸을 뻗고 꿇어앉아 신을 신겨주었다. 노인은 발을 뻗어 신을 신기게 하고는 웃으면서 가버렸다. 장량은 매우 크게 놀라서 노인이 가는 것을 바라만 보았다. 노인은 일 리쯤 가다가 다시 돌아와서 말했다.

"젊은이가 가르칠 만하군! 닷새 뒤 새벽에 나와 여기서 만나지!"

장량은 더욱 괴이하게 여기며 꿇어앉아 말했다.

"알겠습니다."

닷새째 새벽에 장량이 그곳으로 가보니 노인은 미리 와 있다가 노여워하며 말했다.

"늙은이와 약속을 하고서 뒤늦게 오다니 어찌 된 일이냐?"

되돌아가다가 말했다.

"닷새 뒤에 좀 일찍 만나자."

닷새 뒤 닭이 울 때 장량은 갔다. 노인은 먼저 와 있다가 다시 노여워하며 말했다.

"늦다니! 어찌 된 일이냐?"

그곳을 떠나다가 말했다.

"닷새 뒤에 좀 더 일찍 오너라."

다시 닷새 뒤 장량은 밤이 반도 지나지 않아서 그곳으로 갔다. 얼마 있다가 노인도 오더니 기뻐하며 말했다.

"마땅히 이렇게 해야지!"

그리고 한 권의 엮은 책을 내놓으며 다시 말했다.

"이 책을 읽으면 왕 노릇을 하려는 자의 스승이 될 수 있을 것이다. 십 년 후에 그 효과를 보게 될 것이다. 십삼 년 뒤에 젊은이가 또 제북에서 나를 만날 수 있을 것인데, 곡산성 아래의 누런 돌이나다."

그러고는 결국 떠나니, 다른 말도 없었고 다시는 만날 수도 없었다. 날이 밝아 그 책을 보았더니 곧 《태공병법》이었다. 이에 장량은 그 책을 기이하게 여겨 늘 익히고 외워가며 읽었다.**18**

장량은 결국 유방을 도와 진나라에 복수하고 노인의 말대로 한漢나라 황제의 스승이 되었다. 이 이야기를 읽으면서 귀신의 존재와 신령스러운 돌에 마음을 쏠 필요는 없다. 지금 우리는《태공병법》이라는 책에 얼마나 신묘한 가르침이 들어 있는지 모른다. 다만 그것을 배워서 결국 한나라의 통일을 이끈 장량을 보고 그 책의 귀함을 가늠할 뿐이다. 그런데 장량은 이 책을 어떻게 진심으로 읽을 수 있게 되었는가. 처음부터 쉽게 책을 쥐었다면 그처럼 간절하게 배우고 익히지 않았을 것이다. 장량에게 책을 준 노인은 배우려는 자의 자세부터 바로잡고 나서야 가르침을 전수할 수 있다는 것을 알고 있었던 것이다. 시간 약속을 지키지 않는다는 것은 배움에 대한 간절함이 없다는 뜻이다. 배우고자 하는 사람은 항상 겸손해야 한다. 그리고 자기의 뜻을 세우기 급급하기보다는 우선 굽히고 무엇이든 담을 준비부터 해야 한다.

배움의 기본자세

해와 달이 비록 밝지만 엎어놓은 단지 밑은 비추지 못한다.[19]

《명심보감》〈성심하〉에는 배움의 자세에 대한 말이 나온다.

해와 달은 세상에서 가장 밝은 존재이다. 그런데 차이를 두지 않고 만물에 고르게 비추는 밝음도 소용없을 때가 있다. 바로 엎어놓은 단지 아래가 그렇다. 빛이 아무리 밝아도 그 안에는 한 줄기 빛도 새어 들어갈 수 없다. 마찬가지로 배우는 사람의 자세가 엎어놓은 단지와 같으면 아무리 훌륭한 지식을 전해주려 해도 아무런 소용이 없다. 그래서 부모는 선생님이 무엇을 어떻게 가르치는가에 마음을 쓰기 이전에 아이가 어떤 자세로 배움에 임해야 하는지에 대해 가르쳐야 한다. 그것은 무엇보다 부모가 선생님을 어떻게 바라보고 학교에서 배우는 것들에 대해 얼마만큼의 가치를 부여하느냐에 따라 달라진다. 선생님에 대해 이런저런 평가를 하거나 심지어는 험담을 하는 것은 아이가 아무것도 배울 필요가 없다고 말해주는 것과 다르지 않다. 아이는 부모의 마음을 그대로 전달받기 때문에 가르치는 사람에 대한 좋지 못한 평가는 아이의 배움에 곧바로 영향을 주는 것이다.

학교에서 말하는 규칙이나 준비물에 대해 철저하게 신경 써야 하는 이유는 그것이 배우는 사람이 갖추어야 하는 기본적인 태도여서이다. 무엇을 얼마나 배웠는지에 관심을 갖기 전에 누구나 할 수 있는 사소한 것들에 대해 중요성을 부여하고 그것을 지키도록 해야 한다. 작지만 지켜야 하는 약속들을 지키는 과정 속에서 아이들은 알게 모르게 배움에 대한 존경심을 가질 수 있게 된다. 해와 달의 밝음을 받아서 반짝 반짝 빛나는 아이가 되길 바란다면 우선 아이의 그릇부터 바로 세우는 노력을 해야 한다. 아이는 뒤집어져 있는데 위에다 아무리 좋은 것을 쏟아 부어도 결국 아무것도 담을 수 없다.

스승을 존경해야 배움을 좋아할 수 있다

'학문은 그 스승을 가까이하는 것보다 더 편리한 것이 없다'고 한다. 학문의 길은 그 스승을 좋아하는 것보다 더 빠름이 없으며 예를 높여 실천함은 그다음이다.[20]

《순자》〈권학〉에서는 학문을 잘하기 위해 스승을 가까이하는 것보다 중요한 것은 없다고 말한다. 배우고 실천하는 것은 그 다음의 일이라는 것이다. 선생님을 사랑하거나 믿는 마음이 없는데 어떻게 선생님이 가르치는 것을 배워나갈 수 있을까. 선생님은 사람을 이끄는 숭고한 역할을 하는 그 자체로 존경받아 마땅하다. 이런 생각은 자연스레 배우는 사람의 태도도 달라지게 만든다. 선생님을 좋아하면 학교와 배움을 좋아하게 될 수밖에 없다. 선생님을 좋아하지 않으면 이 모든 것이 버겁고 괴로운 일이 된다. 가르치는 사람에 대해 믿음이 없으면 그 사람이 전해주는 것들에 대해서도 믿음을 가지기 어렵다. 언제나 의심스러운 마음으로 선생님을 대하면 배울 수 있는 것이 사라지고 만다. 선생님에 대한 확고부동한 믿음이 있으면 선생님이 전해주는 소소한 지식조차 아이에게는 중대하고 가치 있게 다가온다. 가르치는 사람에 대한 반듯한 마음을 가지게 하는 것이 무엇보다 우선되어야 한다.

○ ● ○

《서경》에는 "가르침은 배움의 반이다(敎學半, 효한반)"라는 말이 나온다. 가르침과 배움은 따로 떨어져 있지 않고 가르침 속에서 배우는 것이고 배움 또한 가르치는 것에 영향을 준다는 말이다. 배움의 자세가 배움의 반이다. 선생님에게도 제대로 가르치고 아이들을 진심으로 대해야 하는 책임이 있다. 하지만 그것은 가정에서 해낼 수 있는 일은 아니다. 가정에서 할 수 있는 일은 오로지 아이가 선생님을 더욱 존경하고 사랑하도록 만드는 일이다. 아무리 좋은 선생님도 무례하고 기본이 없는 학생들에게는 제대로 된 교육을 펼칠 수 없게 된다. 반대로 타성에 젖은 선생님마저도 공손하고 열정 가득한 학생들과 함께라면 자신의 잠재된 교육의 열정을 발견하게 될지도 모른다.

한때는 선생님의 그림자도 밟지 말라고 했었다. 지금은 찢어지고 너덜너덜해져서 분간도 되지 않는 그림자가 되었지만 이제는 부모가 나서서 그 그림자를 꿰매고 바로잡아야 한다. 그것이 아이의 학교생활을 바로 세우는 일이기 때문이다. 누구도 중심을 벗어나서는 안정적인 마음으로 학교생활을 이어갈 수 없다. 학교를 믿고 선생님을 사랑하지 않으면 아이들은 언제나 배움의 중심에 서 있지 못하고 주변을 떠돌아다니며, 힘들게 배우면서도 실제로는 아무것도 얻지 못하는 불편한 상황에 머물게 될 것이다.

선생님은 아이들이 부모 다음으로 만나는 어른이고, 아이들이 어른이 되기 전에 언제나 함께하는 소중한 인연이다. 선생님은 아이가 평가할 수 있는 대상이 아니라 그저 감사함을 느끼고 존경해야 하는 사람으로 여겨야 한다. 그것이 아이가 사회에서 배워야 하는 미덕이고, 지식을 넘어서는 가치를 가지는 일이기 때문이다. 더 나아가 선생님을 존경하는 것 그 자체는 아이에게 있어 세상 어디에서도 얻을 수 없는 귀한 감정이다.

2장

부모의 내공이
아이의 길을 만든다

원칙 있는 부모의 아이는
흔들리지 않는다

선이 분명해야 더 자유로울 수 있다

물이 흐르는 것을 멈추지 않듯이 세상의 모든 것들에는 유행이 있다. 작고 큰 사회의 모든 것들 안에서는 대세로 자리 잡았다가 뒤로 물러나고 또 주류가 되었다가 비주류가 되는 흐름이 끊임 없이 이어진다. 교육도 마찬가지이다. 아이를 어떻게 기르고 가르쳐야 하는지의 문제도 유행에 따라 달라진다. 심지어는 정반 대의 노선으로 바뀌기도 한다. 기존의 불합리함을 새로운 것으로 대체하는 과정은 조금 더 나은 방향으로 가기 위해서 반드시 필요하다. 더 좋다고 여겨지는 것을 유연하게 받아들이는 것은 용기 있는 일이지만, 부모는 그런 흐름 속에서도 절대 놓지 않는 원칙을 가지고 있어야 한다. 부모라는 땅이 자꾸 흔들리면 아이들은 그 위에서 안정된 걸음을 걸을 수 없을뿐더러 서 있을 수조차 없게 된다.

교육에 대한 새로운 정의와 생각 속에서 변하지 않는 자기만의 철학을 가져야 하는 이유는 아이에게 어떤 기준이 되어주어야 해서이다. 일관되지 않은 모습을 보며 자라는 아이에게는 안정감보다는 불안감이 만족감보다는 언제나 불만족이 자리하게 된다. 때에 따라 변하는 부모 밑에서 긴장을 놓지 않을 수 없기 때문이다. 아이들은 원칙 아래에서 자신이 해야 할 것과 하지 말아야 할 것을 구분한다. 분명한 원칙을 제시하는 것은 아이들을 제약하는 것이 아니라 오히려 더욱 자유롭게 만들어준다. 선이 분명해야 그 안에서 더욱 거침없이 행동할 수 있기 때문이다. 기꺼이 행동하는 자유는 아이가 아니라 부모가 정한 명확한 한계선을 정해 주어야 마음껏 누릴 수 있는 것이다.

누구든 흐르는 물에서 거울을 찾지 않고 고요한 물에서 거울을 찾는다. 고요하게 정지해 있는 것만이 고요하게 정지된 것을 고요하게 정지시킬 수 있다.[1]

《장자》〈덕충부〉에 나오는 말이다. 부모가 오로지 흐르기만 하면 아이들은 고요하게 머물 곳을 찾지 못한다. 부모가 동요하면 아이들은 그 배로 흔들림을 감지한다. 같은 맥락에서 아이들의 요란하게 움직이는 마음도 부모의 고요한 태도 앞에서는 쉽게 누그러진다. 아이를 기른다고 저절로 마음의 평정을 얻고 아이들 앞에서 언제나 일관된 모습을 유지할 수는 없다. 하지만 부모가 이리저리 휩쓸리는 것이 자신에게는 작은 일이라도 아이들에게는 크게 다가올 수 있음을 알아야 한다.

세상에서 좋다고 알려주는 모든 것을 아이에게 적용시키는 것보다 중요한 것은 하나라도 확고한 것을 가지고 반드시 지키고자 하는 마음이다. 그래야 아이들도 지켜야 할 것에 대해 쉽게 순응하고 받아들일 수 있는 것이다. 자식 교육에 진심이었던 맹자의 어머니에 관한 고사는 지금도 널리 회자되고 있다. 아들을 위해 세 번이나 이사를 갔다는 '맹모삼천지교孟母三遷之敎'는 여전히 부모들에게 강력한 영향을 주고 있다. 하지만 맹자의 어머니가 심혈을 기울인 교육은 좋은 환경을 마련해준 것만으로 끝나지 않는다.《열녀전》에는 어머니가 아들에게 분명한 원칙을 제시했던 일화가 소개되어 있다.

배움의 환경보다 중요한 것

소년시절 공부를 하러 나가 있던 맹자가 어느 날 갑자기 집으로 돌아왔다.

베를 짜던 어머니가 물었다.

"네 공부는 어느 정도 나아갔느냐?"

"아직은 변함이 없습니다"라고 맹자는 대답했다.

그러자 어머니는 자신이 짜고 있던 베를 칼로 끊었다.

맹자는 깜짝 놀라서 물었다.

"어머니, 그 베는 왜 끊어버리신 겁니까?"

어머니는 이렇게 꾸짖었다.

"네가 도중에 학문을 멈추고 더 정진하지 않는 것은 마치 내가 지금 베를 자른 것과 같다. 도중에 그만두면 아무 소용도 없다."[2]

어린 맹자는 좋은 곳으로 이사를 갔다고 바로 공부에 정진한 것은 아니다. 배움은 환경만 갖추어진다고 저절로 이루어지는 것이 아니라 또 다른 노력이 필요한 것이다. 게으름을 피우고 하기 싫은 마음은 맹자라도 어쩔 수 없었던 것 같다. 먼 곳에서 공부하다 말고 집으로 다시 찾아온 것만 보아도 얼마나 하기 싫었는지를 알 수 있다. 하지만 맹자는 어머니의 엄한 가르침에 매우 놀라서 그때부터는 아침부터 밤까지 학문에 정진했다. 계속해서 날실과 씨실을 한 올씩 교차하는 과정은 배움을 지속하는 것만큼이나 끈기와 노력이 필요하다. 마음이 헐거워지면 촘촘하고 아름다운 옷감이 만들어지지 않는다. 이는 단순한 작업이지만 인내가 필요하다는 점에서 배움과 비슷하다. 어머니는 두루뭉술한 말로 아들에게 배움의 의미를 전해주지 않았다. 자신의 시간과 고단함이 깃든 그 옷감을 단번에 찢어버리면서 배움을 중단하는 것의 의미를 보여준 것이다. 맹자는 이때 깜짝 놀라서 눈이 휘둥그레졌다고 한다. 어머니가 보여준 모습에서 두려움과 놀람과 그리고 절실함을 느꼈을 것이다. 이때 여느 아이처럼 놀기 좋아하는 맹자의 마음에 강력하고 뜨거운 것이 생겨나지 않았을까.

맹자는 《맹자》〈진심상〉에서 학문을 이렇게 비유한다. "인의를 지향해 노력하는 것은 비유하자면 우물을 파는 것과 같다. 우물을 아홉 길이나 되도록 팠더라도 물이 솟아나는 데까지 도달하지 못했으면 우물을 포기한 것이나 마찬가지이다(有為者辟若掘井 掘井九軔而不及泉 猶為棄井也, 유위자벽약굴정 굴정구인이불급천 유위기정야)." 우물을 아무리 열심히 파더라도 중도에 포기한다면 그것 역시 파지 않은 것과 다르지 않다는 말이다. 물이 닿는 곳까지 도달해야 하고 또 솟아오르는 데까지 기다려야 한다. 미완성은 아무것도 하지 않은 것과 마찬가지로 의미가 없다고 말하고 있다. 맹자는 중도에 그만두는 것의 의미를 어려서 어머니에게서 배운 것임에 틀림없다. 맹자의 어머니는 원칙을 제시할 때는 망설임이 없었다. 얼핏 가혹해 보이기도 하지만 확실하게 전달하는 것이 오히려 아이가 머뭇거리고 틈을 찾는 데에 마음 쓰는 것을 방지할 수 있다. 스스로 단단하게 마음을 다잡을 수 있도록 하는 데 도움이 되는 것이다.

아이를 대할 때는 비스듬해선 안 된다

어린 자식들에게는 항상 속이지 않는 모습을 보여주며, 바른 방향을 향해 서며, 귀를 기울여 비스듬한 자세로 듣지 않는다.[3]

《예기》〈곡례〉에 나오는 이 말에서 우리가 얻어야 할 점은 아이에게 어렸을 때부터 올곧은 태도를 가르쳐야 한다는 것이다. 부모는 아이가 기뻐하고 즐거워하는 것을 찾아주는 사람이 아니라 바르게 서서 원칙을 전달할 수 있는 사람이 되어야 한다. 원칙이 필요한 곳에서는 기울여 듣기보다 바르게 서서 듣는 것이 중요하다. 맹자의 어머니처럼 분명한 선을 정해주어야 할 때는 아이의 마음을 읽어주거나 설득하기보다는 망설임 없어야 그 뜻이

정확하게 전달될 수 있다. 아이의 마음을 읽어주고 설득하는 것은 무척이나 다정하고 민주적인 방식처럼 보인다. 하지만 아이들은 실제로 자기의 마음이 정확히 어떤 상태인지 잘 알지 못한다. 어디에서 멈추어야 하고 어디까지 나아가야 할지도 정확히 가늠할 수 없다. 그런데 아이의 입장을 이해한답시고 끝까지 아이의 의사를 묻고 이해하는 방식으로 모든 것을 해결하려고 하면 아이의 마음이 지나치게 무거워진다. 부모가 나서서 선을 정해주고 멈추어야 할 곳을 알려주는 일은 아이를 이해해주지 않는 것이 아니라 아이에게 과도하게 부담을 주지 않는 것이다. 아이에게 기울이지 말고 반듯하게 서서 원칙을 알려주는 것이 부모가 책임을 아이에게 전가하지 않는 일이다. 원칙을 제시하는 부모에게 더욱 무거운 책임이 부여될 뿐이다.

> 무릇 숫돌에 난 날카로운 화살촉이 달린 화살은 활시위를 당겨 쏘면 비록 눈을 감고 마구 쏘더라도 그 끝이 가을 터럭만한 것이라도 적중시키지 않은 적이 없다. 그러나 다시 그곳을 맞힐 수 없으면 잘 쏜다고 할 수 없는데, 고정된 표적이 없기 때문이다.[4]

《한비자》〈외저설 좌상〉의 문장이다. 아무리 활을 잘 쏘는 명궁이라고 하더라도 표적을 맞히지 않으면 잘 쏜다고 할 수 없다.

그래서 한비자는 원칙이 있어야 군주가 이런저런 변설에 휘둘리지 않는다고 했다. 아이들이 잘 자랐으면 좋겠고 누구보다 좋은 부모가 되고 싶은 마음이 없는 사람은 없다. 그러나 그런 좋은 마음도 원칙이 없으면 아이들에게 도움이 되지 않는다. 이런저런 것들에 휘둘리고 심지어 아이의 말에 휘둘리면 아이들은 기댈 곳이 없다. 아무리 잘 대해주고 따뜻해도 원칙이 없는 부모에게는 의지할 수 없다. 무엇이 옳고 무엇이 그르고 어떻게 해야 한다는 확고한 원칙이 있어야 그것을 따르는 데에 편안함을 느끼고 망설이거나 흔들리지 않는다. 많이 쏘아도 적중하지 않으면 의미가 없는 것처럼 원칙이 있어야 해야 하는 것과 하지 말아야 하는 것을 확실하게 알 수 있다. 법도가 흔들리면 나라가 흔들리는 것처럼 가정에서도 원칙이 없으면 흔들리고 요동치는 것을 바로 잡을 수 없게 된다. 고정된 표적은 아이가 아니라 부모가 만들어 주어야 한다.

○ ● ○

부모가 되었다고 확고한 원칙을 쉽게 세울 수는 없다. 아이를 낳는 순간 자로 잰 것 같은 선을 저절로 가질 수 있는 것은 아니기 때문이다. 하지만 그럼에도 내가 흔들리면 아이는 더 크게 요동치기에 부족하더라도 확실하고 분명한 모습을 보이지 않을 수 없다. 아이가 바로 서서 자기를 객관적으로 볼 수 있도록 하기 위해서는 내가 먼저 아이에게로 기울어져 있던 몸을 세워야 한다. 가르쳐야 하는 것에 대해서는 망설이지도 흔들리지도 않는 단호한 모습을 보여주어야 한다. 물론 여전히 무엇이든 이해해주고 싶은 마음이 들기도 한다. 하지만 교육은 아이를 나의 사랑을 받는 존재가 아닌 스스로 바로 서서 자기 인생을 꾸려나갈 수 있는 사람으로 기르는 것임을 잊지 않아야 한다.

그래서 나의 무분별한 사랑이 아이에게 해가 되지 않도록 하는 데에 더욱 마음을 쓰지 않을 수 없다. 나의 순간적인 감정이나 사랑으로 아이를 대하는 것이 아니라, 아이가 올곧은 어른이 될 수 있도록 하는 방법을 생각해보는 것이 먼저이다. 자꾸 틈을 주어 빠져나가도록 하는 것은 아이 스스로 해결할 수 있는 힘을 기르지 못하도록 막기 때문이다. 원칙을 제시하는 것은 처음에는 가혹하고 매정하게 느껴지지만 아이가 확실하게 마음을 정리하고 나아갈 길을 찾을 수 있도록 돕는다. 그리고 항상 느끼는 것이지만 아이는 내 걱정과는 달리 어려움을 극복해나갈 힘을 가지고 있다. 내가 먼저 아이가 받아들일 수 없다고 한계를 정하는 것은 아닌지 생각해보아야 한다. 원칙을 설정할 때 짓는 한계는 정확해야 하지만, 아이가 가진 능력의 한계는 언제나 부모의 예상을 뛰어넘는다.

부모는 아이의
가장 중요한 환경이다

좋은 환경에서 아이를 키우고자 하는 열망을 가지지 않는 부모는 없다. 아이가 유익하고 건전한 것들에 둘러싸여 바르게 자라고 학업에도 성실하게 임하는 것은 모든 부모가 바라는 바이기 때문이다. 좋은 학군지를 알아보고 또 그렇지 못하더라도 조금이라도 더 나은 교육 환경을 물색하는 마음은 자식에게 조금이나마 보탬이 되고자 하는 마음이기에 함부로 비난하거나 폄하할 수는 없다. 하지만 물리적인 환경보다 중요한 것은 부모가 스스로 아이에게 어떤 환경이 되어주느냐의 문제이다. 남들이 부러워할 만한 곳에 산다고 해서 아이들이 모두 바라는 대로 자라지 않는다. 한 사람을 기르는 일은 그리 간단하지 않다.

비옥한 땅이라고 모든 식물이 잘 자라는 것은 아니다. 반대로 척박한 땅이라고 모든 식물이 다 자라지 못하는 것도 아니다. 물과 흙이 적절하고 또 식물을 기르는 사람의 정성이 담기면 생각지도 못한 결과를 볼 수도 있다. 부모는 아이들에게 사는 곳보다 더 강력한 영향을 주는 존재이다. 아이가 부모에게 어떤 영향을 받는지에 따라 아이의 인생이 크게 달라지기 때문이다. 무거운 책임감을 느끼겠지만, 부모로서 받아들일 수밖에 없는 일이다. 아이들은 저절로自 그러한然 자연과 같은 부모에 둘러싸여 부지불식간에 배우고 익히기 때문이다.

아이는 부모의 거울이다

메아리는 제멋대로 응하지 않고, 그림자는 멋대로 만들어지지 않는다. 부르면 부르짖고 그림자는 방불하게 묵연히 스스로가 얻는 것이다.[5]

《회남자》에 나오는 말이다. 영향影響은 그림자影와 메아리響를 말한다. 그림자와 메아리는 아무 말이 없지만 묵묵하게 응하고 따른다는 뜻이다. 어린 아이들은 부모가 무심코 하는 말과 행동을 따라한다. 어떤 의미인지 알기도 전에 무작정 따르는 것이다. 그런 자식의 모습에 부담을 느꼈던 부모의 심정을《장자》〈어부〉를 통해 알 수 있다. 어떤 사람이 그림자가 두렵고 발자국이 싫어서 그것들로부터 떨어지려고 부단히 달리기 시작했다. 그러나 도망가면 도망갈수록 발자국은 늘어나고 아무리 빨리 달려도 그림자는 더 빨라졌다. 발자국과 그림자를 사라지게 하려면 그늘로 들어가 피하면 되고 메아리가 두려우면 말을 하지 않으면 된다. 하지만 자식은 그런 방법으로도 떼어낼 수 없다. 다른 것을 배우도록 격려해도 소용이 없다. 아이가 모든 삶을 함께해온 부모에게 가지는 사랑과 믿음은 그림자와 메아리보다 강력하기 때문이다.

부모라는 환경이 아이를 결정한다

《안자춘추》에는 사람에게 있어 환경이 얼마나 중요한지 보여주는 일화가 있다. 춘추시대 말기의 제齊나라는 이미 환공桓公과 관중管仲의 전성기를 지나 조금씩 내리막길을 걸었다. 하지만 관중과 비견될 만한 안영晏嬰이라는 재상이 있어서 아직까지 명맥을 유지하고 있었다. 때마침 초楚나라가 더욱 강성해지고 있는 까닭에 모든 나라가 초나라에 사신을 보내서 우호를 맺고자 하였다. 제나라도 마침 친선을 맺기 위해 안영을 초나라에 사신으로 보냈다. 초나라의 영왕靈王은 안영의 명성이 자자하다는 것을 알고 그에게 모욕을 주어 초나라의 강성함을 알리려고 했다. 하지만 무엇을 말해도 안영의 능수능란한 대답을 맞받아칠 지혜가 없었다. 기가 꺾인 초왕은 은근히 부아가 끓어올랐는데 마침 포리(죄인을 잡는 하급 관리)가 제나라 출신인 죄인을 끌고 갔다. 초왕은 이번에는 반드시 기를 꺾어놓을 심산으로 안영이 듣도록 큰 소리로 "무슨 죄를 지었소?"라고 묻는다. 이에 "도둑질을 했습니다"라고 하자, "제나라 사람은 도둑질을 잘하는가 보오"라며 안영을 모욕했다. 그러자 안영은 이렇게 대답했다.

"제가 듣기로는 귤이 회남淮南에서 나고 자라면 귤이 되지만, 회북淮北에서는 탱자가 된다고 들었습니다. 잎은 서로 비슷하지만 그 과실의 맛은 다릅니다. 그러한 까닭은 무엇이겠습니까? 물과 땅이 다르기 때문입니다."**6**

안영은 제나라 사람이 초나라에서 도둑질을 하게 된 이유는 초나라의 물과 땅이 백성으로 하여금 도둑질을 하게 만들었기 때문이라는 것이다. 초나라 영왕은 안영의 명성을 눌러보지도 못하고 창피를 당하고 말았다. 귤은 초나라의 특산물인데 그것에 빗대어 반론을 제기한 점도 재기 넘쳤다. 결국 영왕은 안영에게 사과하고 후한 예물을 하사하여 제나라로 귀국하게 했다. 귤이 탱자가 된다는 '귤화위지橘化爲枳'는 사람이 주위 환경에 크게 좌우된다는 것을 가리키는 고사이다. 초나라의 물과 땅이라는 것은 초나라의 법과 제도뿐 아니라 교육과 같이 백성의 품성에 영향을 주는 것을 아우르는 말이다. 제나라 사람이라도 초나라에 가면 초나라의 환경에 적응하게 된다. 마치 회남의 귤이 회북에서는 탱자가 되듯이, 같은 종자라고 해도 어떤 환경을 만나느냐에 따라 다르게 자란다는 점은 사람에게도 마찬가지로 적용된다.

우리가 고전에서 아이의 환경에 대해 배워야 하는 것은 물리적으로 어떤 장소로 아이를 옮겨야 하는지의 문제가 아니다. '아이에게 중요한 환경'의 의미가 무엇인지 생각해보는 것이다. 부모는 아이에게 물과 토양과 같은 존재이다. 아이가 귤이 될지 탱자가 될지를 가르는 강력한 환경이기에 아이에게 어떤 철학을 가지고 어떤 모습이나 태도를 지니며 살아가는지, 그리고 아이를 어떻게 대하고 있는지, 심지어는 어떤 음식을 먹고 어떤 생활습관을 가지는지도 중요하다.

설명이나 설득보다 효과적인 방법

몸소 정사를 돌보지 않으면 백성들이 믿지 않는다.**7**

《시경》에 나오는 말이다. 아이가 바른 길로 가야 한다고 생각하면 부모가 바른 길로 가야 하고 아이가 공손한 말을 사용하길 원하면 부모가 먼저 공손한 말을 사용할 수밖에 없다. 군주가 몸소 보여주지 않으면 백성들은 아무리 좋은 것이라고 해도 믿지 못하고 따르지 않는다. 위에서 안영에게 망신을 당했던 영왕의 이야기는 《묵자》에도 보인다. 영왕은 가느다란 허리를 좋아했다고 한다. 궁녀들은 왕에게 사랑받기 위해 굶기를 밥 먹듯이 했다. 이는 유행이 되어서 궁 밖의 여인들뿐 아니라 남자들에게까지 번졌다. 신하는 모두 한 끼 밥으로 제한하고 숨을 가라앉힌 뒤에 몸에 띠를 둘렀다. 얼마나 세게 조였는지 담벼락을 잡고 기댄 뒤에야 일어날 수 있었다. 이렇게 일 년이 지나니 조정에는 여윈 얼굴빛만 남아 있었다. 백성들이 왕을 따르는 정도가 믿을 수 없을 정도로 강했다는 것이다.

《한비자》〈외저설 좌상〉에는 한때 붉은색 옷이 유행했던 제나라의 이야기가 나온다. 제환공이 자주색 옷을 즐겨 입자 나라의 붉은 비단의 가격이 폭등하기 시작했다. 실제로 자주색 비단은

질이 나쁜 흰색의 비단을 물들인 것에 불과하다. 본래 좋은 비단이 아닌데도 환공을 보고 사람들이 따라했기 때문에 벌어진 일이다. 환공은 이를 해결하기 위해 관중에게 해결책을 묻는다. 관중은 "군주께서는 이것을 멈추려고 하면서 어찌하여 자주색 옷을 그만 입지 않으십니까? 주위 사람들에게 '나는 자주색 옷의 냄새를 매우 싫어한다'고 하십시오"라고 말한다. 그 후 주위 사람들 중에 자주색 옷을 입고 다가오는 자가 있으면 환공은 반드시이렇게 말하였다. "조금 물러서라. 나는 자주색 옷의 냄새를 싫어한다." 그리하여 그날로 궁궐에는 자주색 옷을 입은 자가 없어졌고, 다음 날에는 수도에 자주색 옷을 입은 자가 없어졌으며, 사흘째가 되자 국경 안에서 자주색 옷을 입은 자가 없어졌고 한다. 백성에게 본래 자주색의 비단이 질이 나쁘다는 것을 알린다고 그것을 그만두었을까? 합리적인 이유보다 중요한 것은 몸소 보여주는 것이다. 아이들에게 원하는 모습은 부모가 몸소 보여주는수밖에 없다. 논리적인 설명이나 친절한 설득보다 중요한 것은부모가 자기의 모습에 가르치고자 하는 바를 담을 수 있도록 하는 것이다.

부모의 진심이 있는 곳이 좋은 장소이다

뻐꾸기가 뽕나무에 있으니 그 새끼가 일곱이네. 선량하고 훌륭하신 군자여 그 거동이 한결같도다. 그 거동이 한결같나니 마음도 단단하게 매듭지어지도다.[8]

《시경》에 나오는 말이다. 아이에게 좋은 학군지나 선생님보다도 중요한 환경은 부모이다. 한결같은 말과 행동을 보여주도록 노력하면 아이의 마음이 단단하게 매듭지어질 수 있다. 반대로 매번 기분이나 상황에 따라 일관성이 없는 모습을 보여주면 아이의 마음 역시 흐트러질 수밖에 없다. 그림자와 메아리에게 나와 다르게 움직이고 다른 소리를 내라고 강요할 수는 없다. 다른 장소에 간다고 그림자의 모양이 달라지지 않는다. 다른 모양의 산이라고 메아리의 응답이 달라지는 것도 아니다. 어떤 장소에 데려다놓았다고 아이가 탁월해지거나 혹은 부족해지는 것도 아니다. 가장 강력하게 영향을 줄 수 있는 부모가 먼저 어떻게 움직이고 또 어떻게 소리를 내야 하는지 고민해보아야 한다. 좋은 장소는 남들이 좋다고 하는 곳이 아니라 부모의 진심 어린 마음이 있는 곳이고, 그리고 사랑이 있는 곳이다.

○ ● ○

내 아이도 영문도 모르면서 나의 모든 것을 따라하곤 한다. 그 모습이 참 귀엽기도 하면서 한편으로는 두려운 마음이 든다. 사람을 낳고 보니 제대로 기르기 위해 하나도 허투루 할 수 없음을 알게 된 것이다. 나는 무엇으로 보나 아이에게 본보기가 되는 어른은 아니었다. 하지만 이제라도 고치려는 모습을 보이면 그 또한 아이에게 큰 깨달음을 주는 일이 되리라 믿는다.

아이에게 언제나 좋은 영향만 주면 좋겠지만 실은 그것을 온전히 해낼 수 있는 부모는 별로 없을 듯하다. 사람은 모두 모순으로 가득하고 불완전하기 때문이다. 그럼에도 한결같음에 가까이 다가가도록 마음을 쓰지 않을 수 없다. 아이에게 간절하게 바라는 바가 있을 때는 먼저 나를 돌아보아야 한다는 것만 알아도 아이에게 크게 도움이 되지 않을까 생각해본다. 그림자와 메아리는 사람을 무비판적으로 따르려고 하지만 또 사람의 행동과 말에 따라 쉽게 모습을 바꾸기 때문이다. 내가 어떤 물과 흙이 될지에 대해 끊임없이 고민하는 것이 결국 아이의 마음을 단단히 묶는 힘이 된다. 그 무엇보다 중요하게 아이를 둘러싸고 있는 것이 부모인 나 자신이라는 것을 알면, 막연하고 다가가기 어려운 것들에 동경을 느끼기보다는 내가 해줄 수 있는 것에 온전히 집중할 수 있는 것이다.

아름다운 진주는
상처를 두려워하지 않는다

일상의 풍랑에 시달려도 닿을 수 있는 언덕이 있다면 안심이 된다. 기댈 수 있는 곳이 있다면 아무리 혹독한 시련이 닥쳐도 이겨낼 수 있는 힘이 생긴다. 부모는 아이들에게 늘 그렇게 포근하고 따뜻한 쉼터가 되어주었으면 한다. 예측하기 어려운 불확실한 세상에서 언제나 확실한 버팀목이 되어준다면 그래도 조금은 힘을 내서 살아갈 수 있을 것이기 때문이다. 그래서 부모의 사랑과 믿음은 언제나 아이들에게 필요하다. 그러나 인정 넘치게 사랑하는 것 안에도 언제나 원칙이나 기준이 있어야 한다. 무턱대고 사랑만 준다고 아이가 사랑의 의미를 아는 것은 아니다.

사랑이라는 감정에는 한계가 없지만 부모의 말과 행동에는 한계가 있어야 한다. 아이가 기댈 수 있으려면 흔들리지 않는 원칙이 있어야 한다. 바른 마음을 가지기 위해서는 바르지 않음을 고쳐야 하기도 하고, 좋은 마음을 가지기 위해서는 좋지 않은 마음에 대한 반성도 있어야 하기 때문이다. 지나친 너그러움은 오히려 아이가 기분 내키는 대로 행동하고 자기 감정을 다스릴 줄도 모르게 만드는 길이다. 사랑 안에 담겨 있는 훈계야말로 사랑하기 때문에 반드시 필요하다.

어긋남을 바로잡는 것도 사랑이다

밥을 먹다 목구멍이 메어 죽은 사람이 있다고 천하의 음식을 없애고, 배를 타다가 죽은 사람이 있다고 해서 천하의 배를 금지시키고, 군대를 움직였다가 나라를 잃은 사람이 있다고 세상의 군대를 폐지시킨다면 미혹된 것이라고 했다.[9]

《여씨춘추》〈탕병〉의 문장이다. 일상의 모든 곳에서는 사고가 발생한다. 그러나 그 사고를 방지하기 위해 위험 요소가 있는 모든 것을 없애야 하는 것은 아니다. 밥을 먹다가 목구멍이 메어 죽은 사람이 있다고 천하의 음식을 없애면 오히려 천하의 사람들이 굶어 죽는다. 배를 타다가 죽은 사람이 있다고 배를 금지시키면 그것으로 생업을 이어가는 사람들이 피해를 입는다. 전쟁에서 사람이 죽는다고 해서 군대를 없애면 한 나라의 국민들이 생명의 위험에 노출된다. 아이들에게 매를 들었던 부모들은 어떤가. 훈육을 위한 회초리는 이제 몇몇 학대의 사례 때문에 모두가 멀리해야 하는 것이 되었다. 물론 아이들에게 매질이 필요하다고 주장하는 것은 아니다. 그러나 아이들의 마음에 조금도 상처가 남지 않도록 해야 한다는 주장은 위와 같이 미혹된 것이다. 마음의 상처라는 것은 무엇인가. 어긋남을 바로잡기 위해 따끔하게 혼을 내는 것도 마음을 다치게 할 수 있다는 이유로 전부 없애려 한다면 아이들을 어떻게 가르치고 바로잡을 수 있을까.

《안씨가훈》에는 제나라의 인사를 담당하던 높은 벼슬아치인 이부시랑 방문열房文烈에 대한 이야기가 나온다. 그는 대단히 온화한 사람이었던 것 같다. 그는 화를 내는 일이 전혀 없었다. 하루는 장맛비로 쌓아두었던 식량이 바닥이 나서 여종에게 쌀을 사들이게 하였다. 그 여종은 이를 틈타 도망가버렸지만, 겨우 사나흘 만에 다시 붙잡혀왔다. 그렇지만 방문열은 부드럽게 "집에서는 모두 배가 고파 있는데, 너는 어디로 가려 하였느냐?"고 말하였을 뿐이다. 또 한번은 남에게 집의 관리를 부탁한 적이 있었다. 그런데 그 하인들이 집을 다 부수어 거의 땔감으로 써버렸다. 그런데 그 일을 알고도 얼굴만 찌푸렸을 뿐 결국 아무 말도 하지 않았다.

방문열은 착한 사람인가 아니면 어리석은 사람인가. 선함의 정의는 원칙 없이 모든 것을 이해하고 넘어가는 것이 아니다. 잘못을 조심스럽게 타일러야 할 때도 있지만 바로잡아야 할 때는 서릿발 같은 훈계도 필요하다. 때리고 때리지 않는 문제가 아니라, 잘못에 대해 반성할 기회도 주지 않는 것은 선한 것이 아니라 오히려 악함을 조장하는 격이다. 그래서 결국 자기의 집이 부수어져 땔감으로 사용되는 처참한 지경에 이르렀던 것이다. 그는 이 일로 세상에서 비웃음을 샀다. 하지만 방문열의 모습은 남의 이야기처럼 보이지 않는다. 이는 요즘의 부모들의 모습과도 크게 닮아 있다. 나 역시 아이가 저지르는 잘못에 대해 이렇게 원칙 없이 대하지 않았는지 반성하게 된다. 사랑과 이해로 포장해서 가르칠 수 있는 기회를 놓치고 아이에게 좋지 않은 마음을 가지게 한 것은 아닌지 돌아보게 된다. 방문열의 이야기를 통해 알 수 있는 것은 기분 내키는 대로 아이를 용서하고 넘어갔던 일들이 아이에게 악영향을 미칠 수 있다는 점이다. 너그럽기만 한 부모는 아이를 너그럽게 만드는 것이 아니라 더욱 방종하고 안하무인으로 만들 수 있다.

작은 실수가 쌓여 큰 잘못이 된다

남송의 유학자 나대경羅大經이 쓴 《학림옥로》에는 이와 반대로 엄격한 사람의 이야기가 있다. 북송 때 숭양崇陽의 현령을 지낸 장괴애張乖崖는 관아의 창고지기가 돈 한 푼을 훔친 사실을 발각했다. 장괴애가 죄인에게 볼기를 치는 형벌인 장형杖刑을 내리자 창고지기는 "이까짓 동전 한 닢 때문에 매질을 하십니까!"라며 불복한다. 그러자 장괴애는 "비록 하루에 돈 한 푼이라 할지라도 천 날이 되면 천 푼이 된다. 이는 마치 '노끈으로도 나무를 벨 수 있고, 낙숫물이 댓돌을 뚫는다'는 말과 같다(一日一錢 千日一千 繩鋸木斷 水滴石穿, 일일일전 천일일천 승거목단 수적석천)"라고 하며 그를 처벌했다.

어렸을 때 저지르는 작은 잘못은 나무라기도 쉽고 그것을 받아들이는 사람에게도 크게 상처가 되지 않는다. 그런데 작은 것들이 쌓여 큰 잘못이 되면 꾸지람으로 해결이 되지 않는다. 그리고 그렇게 크게 잘못을 저지르는 마음에는 이미 반성의 마음이 자리하기 어렵다. 어린 아이에게 일일이 따끔하게 지적하고 옴짝달싹 못하게 해야 하는 것은 아니지만, 반드시 고쳐야 할 만한 것이 보일 때는 바로 앉혀놓고 분명하게 잘못에 대해 전달할 수 있어야 한다. 아이들이 잘못을 저지르는 이유는 그것이 잘못인지 모르기 때문이다. 그것을 알도록 해주고 선을 넘지 않도록 알려주지 않으면 무엇이 문제인지도 모르고 스스럼없이 잘못을 키워갈 수 있는 것이다. 아이들에게 있어 마음의 상처는 잘못을 지적받을 때 생기는 것이 아니다. 어쩌면 잘못을 잘못인 줄도 모르고 살아가는 아이에게 더 많은 상처와 아쉬움이 남을지 모른다.

서리를 밟게 되면 머지 않아 단단한 얼음이 언다. 신하가 임금을 시해하고 아들이 아버지를 죽이는 엄청난 일이 하루아침에 갑자기 일어나지는 않는다. 그런 일이 일어나게 되기까지 그 원인이 오랫동안 누적된 것이다.[10]

《명심보감》〈증보〉에 나오는 말이다. 신하가 임금을 죽이고 아들이 아버지를 죽이는 일은 한 순간에 갑자기 일어나는 일이 아니고 아주 오랫동안 그 원인이 누적되고 해결되지 않아서 발생한다는 것이다. 아이에게 너그럽게 대하고 포용력 있는 모습을 보이는 것은 대단히 중요하다. 하지만 그것이 지나치면 아이의 마음속에 좋지 못한 싹이 자란다. 모든 것을 이해받을 수 있다는 것을 알게 되면 아이는 감사함이 아니라 본래 세상이 이렇다는 생각을 가진다. 소리 없이 쌓이는 먼지는 시간이 지나면 끈덕지게 달라붙어 쉽게 닦이지 않는다. 아이의 마음도 마찬가지다. 작은 것을 허용하고 이해해주다 보면 그것을 되돌려서 바로잡는 데에 생각지 못한 큰 어려움이 따르게 된다. 몸에 생긴 고름을 빼기 위해서는 상처를 내서 그것을 뽑아주어야 한다. 상처를 내기 두렵다고 아무것도 하지 않으면 그것이 몸과 마음을 잠식하고 더 이상 고치지 못하는 지경에 이른다. 작은 잘못을 저지를 때 오히려 강력하게 혼을 내는 것이 큰 잘못을 저질렀을 때 나서는 것보다 훨씬 수월하고 효과적이다. 훈육은 아이에게 화를 내는 것이 아니라 혼을 내는 것이다. 나의 기분을 표출하기 위한 목적이 아니라 바른 방향으로 갈 수 있도록 돕는 일이다. 그래서 때로는 눈물이 쏙 빠지는 꾸지람을 견디도록 해야 한다.

아이는 칭찬만으로 성장할 수 없다

강유는 근본을 확립하는 것이며, 변통은 시대의 흐름을 파악하는 것이다.**11**

《주역》〈계사전〉에 나오는 말이다. 강剛은 굳셈을, 유柔는 부드러움을 가리킨다. 이는 자식을 이끄는 부모가 칭찬과 훈계를 적절히 사용해야 함을 의미한다. 아이들이 건강하게 자라나려면 칭찬만큼이나 훈계도 반드시 필요하다. 그러나 안타깝게도 칭찬에 대한 중요성은 넘치게 강조되는 반면, 훈계에 대해서는 상대적으로 인색해진 것이 사실이다. 《태공음부경》에 담긴 "은혜가 해를 낳는다恩以生害"라는 가르침을 요즘의 부모들이라면 반드시 한번쯤은 깊게 생각해봐야 한다. 쉽게 말해 자식을 좋게만 대하려 한다면 자식은 절대 잘 자랄 수가 없다는 뜻이다. 어린 시절 칭찬과 격려의 기억만 가지고 있는 것은 훗날 아이에게 진정한 도움이 되지 않는다.

야단치고 벌을 주는 것이 감정적인 방식이라면 잘못된 일이지만, 아이를 가르치기 위해 불가피한 선택이라고 판단된다면 두려운 마음을 버리고 단호한 모습을 보여야 한다. 칭찬과 더불어 따끔한 훈계도 아이가 살아가는 데 꼭 필요한 자양분이 되기 때문이다. 아이를 '사랑 없이 하는 매질'과 '사랑을 품고 하는 매질'의 차이점조차 구분하지 못하게 키워서는 안 된다. 그 순간에는 부모에게 원망스러운 마음이 들겠지만, 아이가 생각의 과정을 거친다면 부모의 기대보다 더 강하고 의젓하게 꾸지람을 받아들일 수 있다. 또한 훈계로부터 스스로 회복하는 과정은 아이 스스로가 맞닥뜨려야 하는 과제이기도 하다. 따라서 부모는 사랑을 주는 동시에 "해로움이 낳는 은혜"도 이해해야 한다.

○ ● ○

세상은 가정에 비해서 혹독하고 잔인하다. 부모들을 그 모든 것을 알면서도 아이를 온실 속의 화초로 키우려고 한다. 하지만 온실 속의 화초는 아무리 화려한 아름다움을 자랑하더라도 밖으로 나오면 쉽게 시들고 추해진다. 아이는 긍정성 안에서만 긍정성을 배우는 것이 아니라 부정성 안에서도 긍정성을 배울 수 있다. 바다에 몰아치는 폭풍이 결국 바다를 정화시키는 것처럼 사람도 괴로움과 불편함을 느끼면서 성장할 수 있는 것이다.

사람의 성장은 흠이 없는 화씨지벽和氏之璧이 아니라 상처를 통해 아름다워지는 진주와 가깝다고 할 수 있다. 살아가면서 상처를 받지 않는 사람은 없지만 그것을 곱씹고 반성하고 되새기고 또 고쳐나가면서 더욱 빛이 나게 되는 것이다. 나는 그래서 아이를 꾸짖는 것을 아이를 성장하게 할 절호의 기회라고 생각하기로 했다. 망설이고 흔들리기 전에 확실하게 전달하고 고쳐야 할 점을 분명히 하면서 차곡차곡 가르침을 쌓아가야 하는 것이다. 훈육 안에 담긴 진심은 아이에게 반드시 전달될 것이라 믿는다. 내 마음속에 가르치고 이끌어야 한다는 절실함만을 담고 있다면 말이다.

풍족함이란 물질이 아니라
절제에서 온다

조금만 관심을 가지면 남들의 삶을 어렵지 않게 엿볼 수 있는 세상이다. 보이는 것이 전부가 아님을 알면서도 그 일부만을 보고 타인의 삶을 짐작한다. 그것은 곧바로 자기 삶과의 비교로 이어진다. 이런 일은 아이를 기를 때도 여전하다. 남의 아이가 무언가를 누리고 경험하는 것을 보면 곧바로 내 아이에게 좋은 것들을 제공하지 못했다는 미안함과 안타까움이 생겨난다. 서로가 서로를 쉽게 비교하면 할수록 긍정적인 감정보다는 부정적인 감정이 생겨나는 것이다. 그러나 겉으로 드러나는 모습만으로는 물질적인 부분만 확인할 수 있을 뿐이다. 실제로 부모가 아이들에게 해줄 수 있는 것은 오로지 지불해서 얻는 서비스만 있지는 않을 것이다.

물질적인 풍족함이 아이들에게 진정으로 도움이 될까? 풍족함이 곧 좋은 것이냐는 질문에 대해 고전은 언제나 그렇지 않다고 답하고 있다. 고전은 풍족함이 사람의 몸과 마음의 건강함에 있어 유익하기보다는 오히려 해롭다고 말한다. 물론 지금 아이에게 경제적인 지원이 불필요하다고 생각하는 사람은 없을 것이다. 하지만 오로지 그것만이 전부라고 여기는 생각에 대해서는 여전히 거리를 두어야 한다. 아이가 가져야 하는 풍족함은 물질적인 것을 말하는 것이 아니라 외부의 영향에 쉽게 흔들리지 않는 단단한 마음을 가지는 것이다.

풍족함보다는 삶의 지혜를 물려주어야 한다

재화는 사랑을 표현하는 수단의 말단이고, 형벌은 미움을 표현하는 수단의 말단이다.[12]

《관자》〈심술하〉에서는 돈으로 사랑을 표현하는 행위는 아이에 대한 부모의 사랑을 나타내는 맨 끄트머리, 즉 가장 저급의 표현이라고 말한다. 물질적인 것이 사랑을 나타내는 주요한 수단이 되어서는 안 된다. 부모가 자식에게 보여줄 수 있는 사랑의 표현 중에 더욱 가치 있는 것이 훨씬 많다. 좋은 곳에 데려가고 비싼 물건을 사주는 것은 경제적인 여유만 있으면 어렵지 않게 해줄 수 있다. 사실 경제적으로 어느 정도 풍족하다면 재화로 사랑을 표현하는 방법이 가장 손쉽고 간편하다. 아이와 온전한 시간을 공유하고 서로의 생각을 나누는 것과 물건을 사주는 것 중에 어느 쪽이 더 쉬울까. 하지만 돈만으로 아이를 키우면 아이가 진정으로 잘 자랄 수 없다. 당장은 물건을 사주고 더 좋은 것을 누리게 해주면 기뻐할 수도 있지만 생각의 깊이가 조금만 더 생겨도 그것이 다가 아니라는 것을 아이도 알게 된다. 아이를 키우는 것이 돈만으로 되는 일이라면 육아서나 교육서도 필요 없을 것이다. 무조건 얼마나 많이 버느냐의 문제만 신경 쓰면 그만이다. 하지만 사람을 기르는 일은 그렇게 단순하지 않다.

소광疏廣이라는 사람은 어려서부터 학문을 좋아하고《논어》와《춘추》를 깊게 연구했다. 이에 한나라 선제宣帝 때는 태자의 스승으로 발탁되었다. 그는 나이가 들어 더 이상 나라 일을 돌볼 수 없었다. 그래서 글을 올려 그만두고 고향으로 돌아가게 해달라고 빌자 임금이 이를 허락하면서 황금 이십 근을 특별히 내려주었다. 태자는 그것보다 많은 황금 오십 근을 선물했다. 그는 고향으로 돌아오자마자 날마다 잔치를 열어 집안 식구들과 친구, 손님들을 초대해서 함께 먹고 마시면서 즐겼다. 황금을 아끼기는커녕 황금이 얼마나 남았는지 묻고 서둘러 음식을 더 장만하라고 재촉했다. 그렇게 일 년이 지나니 소광의 자식들은 더 이상 황금을 흥청망청 쓰면 안 된다는 생각이 들었다. 그래서 자신들을 대신해서 아버지를 설득할 만한 집안의 어른을 찾아 부탁했다. 황금이 떨어지기 전에 가업을 위해 밭과 전답을 마련하길 바랐던 것이다. 노인의 물음에 소광은 이렇게 대답했다.

"내 어찌 노망이 들어서 자손을 생각하지 않았겠습니까? 생각해보니, 옛날에 일구던 밭과 집이 그대로 있기에 자손들이 그곳에서 부지런히 노력하면 충분히 먹고 입을 것을 해결하고 다른 사람들처럼 살 수 있을 것입니다. 지금 다시 재산을 보태주어 풍족하게 살도록 하는 것은 자식들에게 게으름을 가르쳐주는 꼴입니다."

동한東漢의 방공龐公이라는 사람은 현산峴山 남쪽에 은거하며 살고 있었다. 그들 부부는 늘 손님을 대하는 것처럼 서로를 공경했다. 형주자사荊州刺史 유표劉表가 방문해달라고 자주 청했으나 그는 뜻을 굽히고 사양했다. 이에 유표가 그를 방문했을 때 방공은 밭두둑 위에서 밭가는 일을 멈추었고 아내와 자식들은 앞에서 김을 매고 있었다. 유표는 그의 처자들을 가리키며 "선생은 고생스럽게 땅을 갈고 살면서 관청의 녹 따위는 좋아하지 않으니 훗날 자식들에게 무엇을 물려주려 합니까?"라고 하자, 방공이 대답했다.

"세상 사람들은 모두 자손들에게 위태로움을 물려주지만, 오늘날 저만 홀로 자손들에게 편안함을 물려줍니다. 물려주는 것 같지는 않지만, 그렇다고 물려주는 것이 없지는 않습니다."

소광은 아무리 어진 사람이라도 재산이 많으면 뜻을 바르게 하기 어렵고, 어리석은 사람이 재산을 많이 가지면 잘못을 저지르기 쉬워진다고 생각했다. 아직 자손들을 제대로 교육시키지도 못했는데 허물을 더하기보다는 차라리 임금이 내려주신 은혜를 주위 사람들과 나누면서 자기의 인생을 마치고 싶다는 것이다. 소광의 자식들은 아버지에게 의지하기보다는 스스로 어떻게 살아야 할지 고민하고 항상 노력해야 한다는 것을 알게 되었을 것이다. 그래서 자식들은 경제적인 풍족함을 얻지는 못했지만 삶의 지혜를 물려받은 것이다.

방공은 제갈량諸葛亮마저 존경해마지 않는 은사였다. 자손들에게 물려주는 편안함이란 무엇일까. 부모가 경제적인 부분을 삶의 전부인 것마냥 말하고 행동하면 아이들도 다르지 않게 생각하면서 살아갈 수밖에 없다. 자손들에게 오로지 물질적인 풍족함이 좋은 것이라고 가르치면 언제나 그것을 얻지 못할까 불안해하고 그것을 잃지 않을까 걱정하는 것 사이에서 벗어날 수 없다. 방공이 말하는 편안함이라는 것은 외부보다 내부에서 찾을 수 있는 마음의 안정을 말한다. 물론 지금의 부모들에게 소광이나 방공처럼 오로지 이러한 지혜만을 물려주어야 한다고 주장하는 것은 아니다. 하지만 물질적인 지원이 아니더라도 아이들에게 전해줄 수 있는 귀한 것이 많다는 사실을 알아야 한다고는 생각한다.

돈보다 현명함이 더 가지기 어렵다

> 약으로 재상의 목숨을 고칠 수 없으며 돈으로도 자손의 현명함을 살 수 없다.[13]

《명심보감》〈성심상〉에 나오는 이 말은 삶에서 물질적인 부분만이 전부가 아님을 강조한다. 아이들에게 물려주어야 하는 것은 돈이 아니라 현명함이다. 부모가 아낄 줄 모르고 뭐든지 누리게 해준다면 아이도 마찬가지로 아끼는 것의 의미를 배우지 못할 수밖에 없다. 아이에게 해줄 수 있는 것이 있지만 때로는 해줄 수 없는 것이 있다는 것을 알려주는 것도 아이의 삶에 크게 도움이 되는 일이다. 모든 것을 누릴 수 있는 사람은 세상에 없다. 물질적인 것이 모든 것을 해결해준다고 한다면 부유한 사람들은 모두 행복하기만 해야 하지만 실제로 그것은 일어나지 않는 일이다. 그리고 평범한 사람들은 살면서 모든 것을 누릴 수는 없다는 사실을 받아들여야 한다. 그것은 모든 사람들이 살아가면서 당연히 겪어내야 하는 것이고, 또 좋지 못한 일이라고 여길 필요도 없다. 얻는 것이 있으면 잃는 것이 있고, 기쁨이 있으면 슬픔이 있다는 인생의 이치를 아는 것이 그렇지 않은 것보다 훨씬 더 만족스럽고 편안할 수밖에 없는 것이다.

> 일찍 가르치지 않으면 점점 자라나서, 안으로는 물욕에 빠지게 되고 밖으로는 세속에 어지러워지게 되니, 마음의 덕이 치우침이 없기를 바라더라도 어려울 것이다.[14]

《근사록》〈교학〉에 나오는 말이다. 배우지 않으면 물욕에 빠지고 물욕에 빠지면 세속적인 가치에 쉽게 흔들리게 된다. 세속적인 가치에만 마음을 쓰면 언제나 남과 나를 비교하고, 다른 사람들이 만들어놓은 기준에 조금이라도 부합하지 않으면 좌절한다. 세상 사람들이 부러워할 만한 삶은 실제로 존재하지도 않지만 세속에서는 이상적인 삶의 이미지를 만들어내고 끊임없이 사람들에게 보여주며 그것에 따르라고 요구한다. 그래서 온전하게 세속적인 것에 따르는 것은 결코 행복과 만족감을 줄 수 없다. 부모가 아이들에게 바라는 바는 자신의 인생에 만족하고 행복하게 살아가는 것이다. 그래서 뭐든지 가지려는 것에만 마음을 쓰지 않도록 가르치는 것이 가정에서 할 일이다.

아이들에게 절제를 가르치지 않으면 아이는 끊임없는 불만족에 시달리게 될 것이다. 부모가 나서서 다른 아이들이 가지는 것을 가지게 하고 다른 아이들이 경험하는 것을 모두 경험시키기를 바란다면 아이는 어떻게 될까. 아이는 어떤 즐거움이나 만족도 자신에게서 찾지 못하게 된다. 그런 순간적인 즐거움도 오로지 자기 자신이 아닌 밖에서 추구하게 되는 것이다. 밖에서 안정을 추구하는 사람은 내면에서 끊임없이 불안정을 맛볼 수밖에 없다. 자신이 통제할 수 있는 자신의 마음이 아니라 언제까지나 통제할 수 없는 외부의 요인을 기준으로 삼았기 때문이다. 절제할 수 있어야 요동치는 밖이 아니라 내부에서 마음의 안정을 찾을 수 있다.

그래서 부모가 해줄 수 없는 것이 생겼을 때는 미안하고 안타까운 감정을 드러내기보다는 절제를 가르치는 기회로 삼아도 좋다. 물론 너무나 부족해서 매번 아무 것도 제대로 해주지 못하면 미안한 마음이 드는 것은 어쩔 수 없다. 하지만 아이에게 모든 것을 해줄 수 있는 부모는 없고, 또 아이가 원하는 모든 것을 하게 해주는 것은 가르치는 것이 아니라는 것쯤은 알아야 한다. 부모는 아이와 즐겁게 함께해야 하지만 그 시간 안에 아이에게 꼭 필요한 가르침도 담아야 한다. 언제나 아이의 교육에 대한 고민이 있을 수밖에 없고, 또 마땅히 고민해야만 한다.

○ ● ○

아이에게 도움이 필요할 때 경제적인 지원을 해줄 수 있는 부모가 되고 싶다는 바람을 놓을 수는 없다. 하지만 매번 돈으로만 누리게 해주는 것에 대해서는 경계해야 한다고 생각한다. 물질적인 지원은 아이가 자라는 데 있어서 언제나 유익하지는 않기 때문이다. 가지는 것만큼이나 가지지 않는 것의 의미도 가르쳐야 한다. 그래서 나는 아이에게 사랑을 표현하는 것이란 재화보다는 밀도 있는 시간을 공유하는 일이라고 생각한다. 아이가 원하는 것이 무엇인지 고민해보면 대개 어렵지는 않지만 귀찮은 것들뿐이다. 이불을 뒤집어쓰고 귀신 놀이를 하거나 함께 간식을 먹으면서 이야기를 나누는 것 등이다. 더 좋은 무언가를 해주지 못한다고 안타까워하기 전에 이런 소소한 일들을 함께하는 데 있어서 마음을 다하는 것이 우선임을 잊지 말아야겠다. 내가 중요하게 생각하지 않았던 것들이 오히려 아이의 마음속에 더 깊이 남을 수 있기 때문이다. 그것은 어떤 부모라도 마음만 먹으면 할 수 있다. 재화가 아니더라도 사랑을 나타내는 수단은 너무나 많다.

새는 나는 연습을
게을리하지 않는다

배운 것을 자기 것으로 만들기 위해서는 익히는 과정이 필요하다. 배움은 누군가의 도움을 통해서 얻을 수 있어도 익히는 것은 언제나 스스로 해나가야 한다. 배움만 있고 익힘이 없으면 배움에 시간을 쏟으면서도 자기에게 남는 것이 없는 공허한 공부를 이어나가게 된다.

습習은 새가 난다는 뜻이다. 이 한자에 대한 한 가지 주장은 새의 날개羽 밑에 있는 흰 백白이 원래는 해 일日이었다는 것이다. 즉 해가 떠야 새가 둥지를 벗어나 날갯짓을 한다는 뜻이다. 또 다른 주장은 흰 백이 본래 '스스로 자自'라는 것이다. 어린 새는 누구의 도움도 받지 않고 날갯짓을 연습한다. 《예기》〈월령〉에는 "작은 매가 날갯짓을 연습한다(鷹乃學習, 응내학습)"라고 언급되어 있다. 조금씩 다르지만 작은 새가 날기 위해 끊임없이 날갯짓을 연습한다는 의미는 다르지 않다.

어린 새가 자기의 힘으로 날기 위해 날갯짓을 하는 것은 매우 자연스러워 보이지만 그것을 실제로 겪어내야 하는 새에게는 부담이 되지 않을 수 없다. 사람의 눈에는 짧은 연습으로 쉽게 나는 것처럼 보이지만 그 작은 몸으로 중력을 견디며 날아오르는 일은 결코 쉽지 않을 것이다. 날갯짓을 소홀히 하면 바로 지면으로 떨어지는 위험에 처하기도 한다. 하루 이틀 하는 연습이 새들의 삶에서 얼마만큼의 비중을 차지하는지 그 수고로움의 정도가 어느 정도인지는 사람이 쉽게 가늠할 수 없다. 그래서 '습'이 부단히 이어나가면서 배우는 과정을 의미하는 한자가 됐다. 아기 새가 어른 새가 되기 위해 날갯짓을 연습하는 것처럼, 사람이 성장하는 과정에서 반드시 필요한 것이 이 배움이라는 것이다. 그리고 배움은 이처럼 끊임없는 노력 그 자체라고 할 수 있다.

꾸준히 임해야 배움을 이룬다

(학문하는 것은) 비유하자면 산을 쌓는 것과 같으니, 한 삼태기의

흙을 이루지 못하고 그만두어도 내가 그만둔 것이다. 비유하자면 땅을 고르는 것과 같으니, 한 삼태기의 흙을 부어서 나아갈지라도 내가 (나아)가는 것이다.**15**

《논어》〈자한〉에서는 학문을 삼태기로 흙을 쌓는 것에 비유한다. 삼태기는 흙이나 거름을 담아 나르는 농기구이다. 미미하지만 한번이라도 시작하면 시작이다. 작은 것이라도 시작하는 용기를 가져야 한다는 뜻이다. 조금이라도 앞으로 나아가면 나아간 것이지 나아가지 않은 것은 아니기 때문이다. 하지만 제아무리 많이 쌓아 올렸어도 마지막 한번을 붓지 않으면 또한 아무것도 이룬 것이 없는 것이다. 태산처럼 많은 것을 이루었다고 해도 마지막 한번을 쌓지 않으면 또 쌓지 않은 것과 같다. 마침표를 찍지 않으면 문장이 완성되지 않기에 반드시 끝날 때까지 최선을 다해야 한다는 것이다. 아이들은 모두 배움의 기회를 가진다. 그리고 아이들마다 저마다 나름의 공부법을 찾는다. 하지만 고전에서 강조하는 배움의 방법은 끈기를 가지고 익히고 익히는 과정을 지속해야 한다는 것이다. 배움은 새가 날갯짓을 멈추지 않는 것처럼 멈추지 않고 끝을 내야 이룰 수 있다.

《여씨춘추》〈박지〉에는 배움을 꾸준히 했던 사람의 일화가 소개되어 있다. 영월은 중모 출신의 시골 사람이었는데, 밭을 갈고

농사짓는 일이 하도 괴로워서 그의 벗에게 "어떻게 하면 이 괴로움을 면할 수 있겠는가"라고 물었다. 그 벗은 "어떠한 것도 배움보다 나은 것이 없다. 삼십 년을 배우면 가히 통달할 수 있다" 하고 대답했다. 그러자 영월은 "내 한번 십오 년만 해보겠다. 남들이 쉬고자 할 때 나는 감히 쉬지 않을 것이고, 남들이 눕고자 할 때 나는 감히 눕지 않을 것이다"라고 말하고 진짜 십오 년 동안 배움을 게을리하지 않았다. 그렇게 되자 주나라 위공은 영월을 스승으로 삼았다.

"화살이 빠르기는 하지만 불과 이 리를 못가서 멈추고, 걸음은 느리기는 하지만 삼천 리를 가도 멈추지 않는다"라고 한다.[16]

영월이라는 사람은 탁월한 재주가 있었던 사람이 아니었다. 늦은 나이에 배움에 뜻을 두고 하루도 게으르지 않게 임하자 제후의 스승이 될 만큼 박식한 사람이 될 수 있었던 것이다. 화살의 빠르기는 사람에 비할 바가 못 된다. 사람의 눈으로도 따라갈 수 없을 정도의 속도이다. 하지만 아무리 성능이 좋은 화살이라고 해도 사람의 두 다리는 따라가지 못한다. 걸음은 느릴지언정 사람의 의지만 있으면 걷고 걸으면서 앞으로 나아갈 수 있기 때문이다. 두 다리로는 멈추지 않고 아득히 먼 곳까지 나아갈 수 있다.

새로운 것을 배우는 것은 쉬운 일이 아니다. 아무리 공부를 좋아하는 사람이라도 공부하는 과정을 수월하게 느끼는 사람은 없다. 그러나 아이들이 공부를 좋아하지 않더라도 잘할 수 있도록 만드는 방법은 자기가 할 수 있는 만큼의 작은 양이라도 매일 꾸준히 하게끔 하는 것이다. 사람의 두 다리의 속도는 제각각이다. 조금 빠른 걸음을 걷기도 하고 조금 느린 걸음으로 나아가기도 한다. 하지만 멈추지 않고 걷다 보면 다다르지 못할 곳이 없다. 물론 이것을 모르는 사람은 없다. 하지만 실제로 아이에게 실천해보려 하면 그렇게 쉬운 일이 아니라는 것을 안다. 사소한 핑곗거리가 아이의 오늘 할 일을 방해하기 때문이다. 공부를 하지 못할 이유나 변명을 찾다 보면 아이들은 언제나 그럴싸한 이유를 만들 수 있다. 그리고 마음이 약해진 부모는 아이의 변명을 단호하게 끊어내고 공부시키기를 망설이게 된다. 매일 가볍게 배움을 이어나가는 것이 하찮아 보일 수 있지만, 그것을 하지 않고 하루에 해내려고 하면 작은 것을 매일 꾸준히 하는 것의 무거움을 어렵지 않게 알 수 있다. 부모가 이에 대해 도움을 주는지 아니면 방해가 되는지 돌아보지 않을 수 없다.

일의 성과는 멈추지 않고 계속하는 데 있다. 새기다가 중도에 그만두면 썩은 나무도 부러지지 않는다. 새기고 새겨서 쉬지 않으

면 금속류나 돌도 아로새길 수가 있다.**17**

《순자》〈권학〉에 나오는 말이다. 아무리 사소한 것이라도 꾸준해야 하고, 아무리 불가능해 보이는 일이라도 부단히 노력하면 이룰 수 있다는 뜻이다. 썩은 나무는 누구나 쉽게 부러뜨릴 수 있다고 생각하지만 그조차도 중간에 멈추면 부러뜨리지 못하게 된다. 금속류나 돌처럼 새기기 불가능해 보이는 단단한 물질에도 꾸준함이 닿으면 변화가 생겨나는 것이다. 배움의 습관을 알려주는 일은 아이에게 과도한 부담을 안겨주는 것이 아니다. 영월처럼 온 시간을 통째로 써서 공부를 하고 남들이 눕는 시간에 눕지 않을 정도의 정력을 들여야 한다는 말이 아니다. 영월의 일화에서 배울 수 있는 것은 어떤 사람이라도 배움을 지속하면 자기가 원하는 바를 이룰 수 있다는 것이다.

아이들이 무엇을 좋아하고 무엇을 하고자 할지는 부모가 간섭할 수 없다. 결국에는 자기가 좋아하는 것을 찾는 일이 공부를 하는 가장 큰 목적이기 때문이다. 하지만 아이들은 언젠간 무엇이든 하고자 하는 것이 생긴다. 혹은 잘하고 싶은 것들이 생겨난다. 그런데 만일 습관이 없다면 강력한 의지가 있더라도 쉽게 힘을 잃게 된다. 그렇기에 부모의 도움이 필요하다. 습관이라는 삶의 공간만 만들어주면 그 안에 자신이 담고자 하는 것을 담아낼 수 있다. 무엇을 배우느냐가 아니라 배울 수 있는 힘을 가지도록 하는 일에는 부모가 충분히 도움을 줄 수 있다.

조금씩이라도 나아가야 성취할 수 있다

배움이란 것은 강물을 거슬러 올라가는 배와 같아서 앞으로 나아가지 못하면 곧 퇴보하는 것이다.[18]

《증광현문》에서 청나라의 좌종당左宗棠은 공부를 노를 저어가는 것에 비유한다. 하루라도 노를 젓지 않으면 그대로 멈추는 것이 아니라 뒤로 밀려나게 된다. 이처럼 공부를 했다가 오래 쉬고 다시 바짝 하는 것은 공부를 하지 않는 것과 같다는 말이다. 쉬는 기간이 늘어나면 물 아래로 떠밀려가는 거리가 멀어진다. 다시 마음을 먹고 시작하려고 하면 떠밀려왔던 곳에서부터 다시 시작해야 한다. 이것을 반복하면 공부를 해도 매번 제자리를 맴도는 것과 다름없다. 공부라는 고생을 하면서도 성취를 이루기 어렵다는 것이다. 그래서 배움은 지속할 때 오히려 더욱 쉬워지고 성취하기도 수월해진다.

때로는 부모가 아이의 공부를 끊고 방해하기도 한다. 아이가 매일 밥 먹는 것을 하지 못하도록 방해하는 부모는 없다. 마찬가지로 공부도 밥을 먹듯이 매일 해야 한다고 생각해야 한다. 그렇다면 아이도 본래 배움이 삶과 함께하는 것임을 자연스럽게 이해할 수밖에 없다. 아이가 끈기를 가지고 배울 수 있도록 이끌어주는 것은 아이가 한 곳에 맴돌지 않고 자기가 원하는 길을 조금씩 갈 수 있도록 도움을 주기 위함이다. 고전에서 강조하는 꾸준함이 아이들의 마음에 깊이 새겨지도록 부모의 마음부터 굳건히 다져야 한다.

○ ● ○

아이가 배우고 익히는 것을 옆에서 지켜보는 것은 부모에게도 커다란 인내가 필요한 일이다. 아이는 배움을 즐거운 마음으로만 대할 수 없다. 무리하지 않고 할 수 있는 선에서만 꾸준히 했으면 좋겠는데 그 선이 어디까지인지 나도 쉽게 판단이 되지 않을 때가 많다. 하지만 지나고 보면 새로운 것 앞에서 아이가 아니라 부모인 내가 지레짐작으로 걱정하고 두려워할 때가 더 많았던 것 같다.

어린 새가 날갯짓을 하다가 멈추면 새는 추락하게 된다. 아이들의 배우고 익히는 과정을 지속하는 것도 이와 같다. 하지 않다가 시작하면 매일 조금씩 할 때보다 매번 더 큰 노력과 힘이 드는 것은 당연하다. 매일 조금씩 자기 걸음걸이와 자기 보폭에 맞게 걸을 수 있도록 도와주어야 한다. 아이들은 저마다 속도도 다르고 가고자 하는 방향도 다르지만 앞으로 가야 한다는 점에서는 모두 같다. 우리 아이의 걸음이 다른 아이의 걸음의 반의 반도 안 된다고 하더라도 우리 아이도 걸을 수 있고 걸어야 한다. 그리고 걸음이 느려도 계속 걷다 보면 다리에 힘이 생기고 걸음에 속도도 붙을 수 있다. 그래서 조금 느리다고 해도 걱정할 필요는 없다. 아무리 느려도 걸음을 멈추지 않으면 언제든 목적지에 도달할 수 있기 때문이다. 부모가 아이의 걸음에 방해가 되어서는 안 된다. 늦는다고 타박하고 멈추게 하는 것보다 아주 조금이라도 걷고 또 걸을 수 있게 아낌없는 칭찬과 용기를 주어야 한다.

아이가 감당할 수 없는 곳은 피해야 한다

차가 쌩쌩 달리는 차도에 아이를 그냥 두는 부모는 없다. 사람이 많은 곳에서는 손을 꼭 잡아야 아이를 잃어버리지 않는다. 아이가 좋은 교육을 받고 좋은 사람이 되는 것만큼이나 안전을 지키는 일에도 부모는 만전을 가해야 한다. 먹는 것, 입는 것 하나에도 건강과 연결되지 않는 것이 없다. 이처럼 눈에 보이는 안전을 염두에 두어야 하기도 하지만, 그러나 아이가 위험에 처하지 않도록 애를 써야 하는 영역은 눈에 보이지 않는 마음에도 적용된다. 그런데 보이지 않는 마음의 안전은 소홀히 하기 쉽다. 무엇이 어떻게 잘못되고 있는지 정확하게 알 수 없기 때문이다.

아이들에게는 몸의 안전만큼이나 마음의 안전도 중요하다. 마음은 너무나 광범위하고 복잡해서 일일이 어떻게 다루어야 하는지 알아차리기가 어렵다. 하지만 마음에 지나치게 해로운 요소는 피하게 할 수 있다. 아이들의 손에 들려 있는 스마트폰은 아이들 마음에 대개 좋은 영향을 끼치지 않는다. 마음의 건강은 실제의 세계에서만 얻을 수 있을 뿐 가상의 세계에서는 얻을 수 없다. 부모는 아이가 어디에 가서 무엇을 하는지 알고 있어야 한다. 위험한 곳에 가거나 낯선 사람을 만나는 것을 피하도록 하는 일이 부모의 의무이다. 하지만 가상의 공간에 놓인 아이들이 누구를 만나서 어떤 이야기를 하는지, 무엇을 보고 듣는지에 대해서는 알기가 매우 어렵다. 고전에서는 자식의 도리란 위험한 곳을 피하는 것에 있다고 했다.

스마트폰이라는 위험한 세계

높은 곳에 올라가지 않으며, 깊은 물에 들어가지 않는다.[19]

《예기》〈곡례〉에 나오는 말이다. 어른이 되어도 부모가 걱정할 일을 만들지 않는 것이 고전에서 말하는 자식의 도리이다. 높은 곳에 올라가거나 깊은 물에 들어간다고 해서 언제나 사고가 나는 것은 아니다. 험준한 산에 올라가도 호랑이를 만나지 않고 멀쩡하게 돌아오는 사람이 있다. 물론 개중에 호랑이를 만나도 살아 돌아오고 대단한 용기나 호연지기를 배워오는 사람도 있을 것이다. 하지만 그러한 용감함을 얻기 위해 죽음의 위험을 감수하려는 사람은 없을 것이다. 호랑이가 사는 산에 아름다운 풍경이 있다고 해도 그곳으로 가서는 안 된다. 만에 하나라도 위험의 요소가 있다면 피하는 편이 지혜롭다.

깊고 세찬 물에 들어가도 털끝도 다치지 않고 살아서 나오는 사람도 있다. 하지만 그런 희박한 가능성을 믿고 자식을 위험한 곳에 보내는 부모는 없다. 위험한 곳에 간다고 모두 위험에 처하지는 않지만 그런 일말의 가능성을 믿고 가는 것보다는 가지 않는 것을 택하는 것이 낫다. 스마트폰도 마찬가지다. 그것을 쥐고 매일 본다고 해서 언제나 아이들이 좋지 않은 것만 배우는 것은 아니다. 스마트폰을 가지고 있어도 크게 영향을 받지 않고 건강하게 생활하는 아이들도 있다. 하지만 위험성이 크기 때문에 가까이하는 것보다는 멀리하는 편이 더 낫다. 위험할지도 모르는 것을 계속 손에 쥐고 있도록 하며 마음을 졸이는 것보다는 그것을 가지지 않도록 하는 것이 안전하고 현명한 선택이다.《장자》〈산목〉에는 이런 이야기가 나온다.

여러 척의 배를 함께 묶어서 황하를 건너고 있는데 빈 배가 떠내려와 부딪힌다면, 성미가 아무리 급한 사람이라도 화를 내지는 않을 것이다. 그러나 그 배에 어떤 사람이 타고 있으면, 그에게 비키라고 소리를 지르게 될 것이다. 처음 소리를 질렀는데 그가 듣지 못하고, 두 번째 소리를 질렀는데도 듣지 못한다면, 세 번째 소리를 지를 때에는 틀림없이 험악한 명칭들을 사용해서 그를 부르게 될 것이다. 전에는 화를 내지 않았는데 지금은 화를 내고 있으니, 전에는 배가 비어 있었기 때문이고 지금은 배 안에 누군가가 있기 때문이다. 사람이 자기를 비우고서 세상에서 노닐 수 있다면, 누가 그를 방해할 수 있겠는가?[20]

비어 있는 배가 와서 부딪힌다면 사람들은 화를 내지 않는다. 그 일에는 누군가의 의도가 담겨 있지 않기 때문이다. 하지만 배 안에 사람이 타고 있으면 점점 더 화가 나는 것이 사람의 자연스러운 태도이다. 장자는 사람이 비어 있는 배를 대하듯 자기를 비우면 자신을 힘들게 하는 여러 가지 감정도 모두 사라질 것이라고 말한다. 실제로 스마트폰이 어떤 의도도 담기지 않은 한낱 빈 배라고 생각할 수도 있다. 가상의 세계는 내가 살고 있는 현실 세계와 관련이 없고 그곳에서 만나는 사람은 실제로 존재하지 않는다고 생각할 수도 있다. 마치 비어 있는 배를 대하듯이 무심할 수 있는 것이다. 하지만 아이들은 실제와 가상을 구분하지 못한다. 그 세계가 자기의 삶에서 대단히 중요한 위치를 차지한다고 착각하기도 한다. 심지어는 가상의 세계가 실제 세계의 의미를 넘어서는 일도 생긴다.

스마트폰에서 만나는 세상은 실제의 세상과 같아 보이기도 하지만 인위적인 꾸밈이 가득하다. 하지만 아이들은 그것과 실제를 구별해서 생각하지 못한다. 자기가 딛고 있는 현실이 아니라 가상의 것에 현혹되고 무엇이 자기에게 중요한 것인지 착각하게 된다. 스마트폰이 수많은 정보를 가지고 있다고 하지만 그 정보의 진의 여부를 파고들어 따질 수 있는 아이는 드물다. 어렸을 때부터 그런 것들을 자연스럽게 접한다면 진실과 거짓에 대한 판단력마저 흐려진다. 장자는 일상 안에서도 자신을 비우는 것이 어려운 일임을 알고 있었다. 하물며 어린아이들이 일상을 넘어서 무한한 세계 안에서 자극적인 경험을 하며 어떻게 쉽게 마음을 비울 수 있을까. 그보다는 좋지 못한 감정이 새롭게 생겨나고 그것에서 벗어나지 못하는 악순환에 처할 가능성이 더욱 크다. 그것이 아이들 마음의 안전에 좋지 않은 영향을 주는 것이다. 손에 쥔 것을 끊임없이 시청하는 것만으로는 불필요한 자극과 피로감만 느낄 뿐이기 때문이다.

마음의 안정이 우선되어야 한다

자극적인 콘텐츠는 어른에게도 좋지 않다. 하지만 어른들은 최소한 아이보다는 자기를 지킬 능력이 있다. 원하기만 하면 스스로를 절제할 수 있는 힘도 있다. 하지만 아이들은 자기를 보호할 능력이 없다. 수많은 정보가 있다는 것은 아이들에게 결코 좋은 영향만을 주지 않는다. 많은 정보는 자신에게 필요하고 유익한 것을 선별해낼 수 있는 사람에게만 도움이 된다. 무작정 많은 것은 오히려 무엇이 진짜이고 무엇이 가짜인지 구별하는 눈을 앗아간다. 특히 가상공간 안에는 아이들이 실제로 만날 수도 없는 수많은 범죄가 존재한다.

작은 배는 무거운 짐을 감당할 수 없다. 으슥한 길을 혼자 다녀서는 안 된다.[21]

《명심보감》〈성심상〉에 나오는 위 말처럼, 작은 배에 무거운 짐을 싣게 되면 곧 가라앉는다. 아이들의 마음은 아직은 작은 배와 같다. 스마트폰으로 접할 수 있는 많은 콘텐츠는 아이들에게 가벼운 짐이 아니라 무거운 짐이 될 수밖에 없는 것이다. 마음이 자라는 데는 많은 시간과 경험이 필요하다. 아이들은 좋지 않은 콘텐츠나 자극적인 것들을 받아들이고 처리하는 능력을 가지지 못한다. 그런데 그런 것들을 무차별적으로 접하게 되면 버겁고 힘들 수밖에 없다. 배가 안전하게 강을 건너기 위해서는 적정한 짐을 실어야 한다. 때로는 무거운 짐을 싣고 강을 건너도 아무 일이 생기지 않지만 그렇게 안심을 하다가는 언젠가 큰 재앙이 초래되는 것이다.

밤늦게 어린아이들을 혼자 내보내는 부모는 없다. 가상공간에 있으면 몸은 비록 안전하더라도 마음은 마치 으슥한 공간에 있는 것처럼 불안하고 위험하다. 아직은 더 넓은 공간에서 개인적인 관계를 맺거나 불필요한 정보들을 얻을 필요가 없는 나이다. 지금은 부모의 곁에서, 그리고 친구들과 선생님에 둘러싸여 살아가는 것으로 충분하다. 필요한 지식도 학교나 책을 통해서 얻으면 된다. 물론 언제나 예외는 있다. 가상공간 안에서 전문적인 지식을 얻고 마음의 건강함도 잃지 않은 아이가 분명히 있을 것이다. 하지만 대부분의 아이들은 그곳에서 정서적인 어려움을 얻을 수밖에 없다. 부모가 볼 수 없고 가늠할 수 없는 곳이기에 더욱 마음을 놓을 수가 없다. 특히나 마음의 안전은 잘못되어도 쉽게 눈에 띄지 않는다. 부모가 예상하지 못하는 위험에 아이를 맡기는 일은 하지 않아야 하는 것이다.

군자의 행실은 고요한 마음으로 몸을 닦고 검소한 생활로 덕을 길러야 한다. 마음이 욕심 없이 담박하지 않으면 뜻을 밝힐 수 없고, 마음이 안정돼 있지 않으면 원대한 뜻을 이룰 수 없다.**22**

《무후전서》에서 제갈량諸葛亮은 아들에게 마음의 담박함과 안정이 무엇보다 가장 우선되어야 한다고 말한다. 배우는 일 앞에서 가장 중요한 것은 마음이 번잡해지는 것을 경계하고 혼란스럽지 않도록 하는 것이다. 잡다한 것들을 마음속에 담아두면 그것은 마음의 안정을 방해하고 생활을 흐트러뜨리고 만다. 아이들은 모두 배움의 단계에 있다. 무엇을 얻으려고 해도 긴장되고 무거운 마음으로는 얻을 수 없는 것이다. 스마트폰으로 얻을 수 있는 정보라는 것은 아이들의 지식을 확장하는 것이 아니라 쓸데없는 감정들을 조장하고 지금 당장 할 수 있는 소소하지만 중요한 것들을 놓치게 만든다. 제갈량이 말한 것처럼 큰 뜻을 세우는 것은 아닐지라도 자기가 해야 하는 일들을 할 수 있으려면 담박하고 소박한 마음이 필요하다. 그러기 위해서는 잡다한 정보나 관계에서 벗어나는 노력을 해야 한다. 깔끔한 마음에서 비로소 뜻을 세울 수 있기 때문이다.

○ ● ○

아이 마음의 안전을 위해서는 우선 위험한 것을 피하도록 하는 것이 가장 쉽고 효과적이다. 아이가 놀이터에 가서 사고가 생기지 않도록 하려면 부모는 한시라도 눈을 떼서는 안 된다. 그런데 위험의 한계가 없는 곳으로 혼자 보내면서 아이가 안전하게 생활하기를 바라는 것은 안일한 태도가 아닐 수 없다. 물론 아직 나는 아이가 어려서 스마트폰을 사주는 문제에 대해 아이와 심각하게 고민을 나눠본 적이 없다. 또한 나중에 어쩔 수 없이 쥐어주어야 하는 때가 오지 않을 것이라는 확신도 없다. 하지만 그것의 위험성에 대해서는 끊임없이 이야기를 나눌 수 있어야 한다고 생각한다. 최소한 쉽게 손에 쥐어줄 선물이 될 수 없다는 것을 알아야 한다. 작은 배가 감당할 수 없는 큰 무게의 짐을 지는 것을 즐거운 마음으로 바라볼 수는 없기 때문이다.

3장

부모와 아이는
함께 성장한다

아이는 자신만의
속도로 자라난다

나비는 일정한 성장의 단계를 거친다. 애벌레에서 고치의 삶을 견디면 비로소 화려한 모습으로 탈바꿈한다. 애벌레일 때는 결코 나비의 모습을 가늠하거나 기대할 수 없다. 그럼에도 헤아릴 없는 문양과 색깔을 가진 나비로 성장한다는 사실에 우리는 경이로움을 느낀다. 마찬가지로 사람의 삶도 의심의 여지없는 일정한 성장 과정을 겪는다. 우리가 조급해하지 않아도 특정 나이대나 시기가 되면 보편적인 인생의 경로를 밟기 마련이다. 모든 사람은 가차 없는 시간 속에서 멈추지 않고 그 길을 나아간다. 그것을 알면서도, 아이를 바라보면 아이 삶의 속도에 마음이 쓰이는 것은 어쩔 수 없다. 시간이 도와줄 것을 알면서도 부모인 나의 도움을 통해 조금 더 빨리 성장할 수 있지 않을까 애를 태우게 된다.

아이들을 사랑하는 만큼 아이들의 자잘한 속도에 일일이 관심을 기울이는 것은 모든 부모가 피할 수 없는 어려움이다. 결국에는 아이의 속도대로 성장할 것을 알면서도 뒤처지면 마음이 불안하다. 하지만 부모가 매번 마음을 졸이고 걱정한다고 해서 자라나는 속도가 달라지지는 않는다. 키가 컸으면 하고 걱정하고 근심한다고 해서 키가 자라지 않는 것과 같다. 아이들은 때로는 빠르기도 하고 때로는 느리기도 하지만 모두 성장한다. 부모의 기다림으로 아이들은 성장한다. 안정된 마음으로 자기의 속도를 인정하고 무리하지 않도록 도와야 한다.

저마다 삶의 속도가 다르다

《맹자》에는 어떤 송宋나라 사람의 이야기가 나온다. 그는 싹이 빨리 자라지 않는 것을 안타깝게 여기고 싹을 일일이 잡아 당겨 올려주었다. 하루 종일 고생해서 피로한 모습으로 집으로 돌아온 그는 가족들에게 '오늘은 참 힘들었다. 내가 싹이 자라는 것을 도와주었다'라고 했다. 그의 아들이 달려가서 보니 그 많은 싹들은 이미 시들어버린 후였다. 조장組長은 '자라는 것을 돕는다'는 뜻이다. 아버지가 싹을 일일이 잡아 당겨주었을 때 겉으로는 키가 커 보여 빨리 자라는 것처럼 보이지만 땅에 단단히 박혔던 뿌리가 다 헝클어지고 느슨해졌던 것이다. 송나라 사람은 땅 속에 뻗어 있는 뿌리의 모습은 생각지 못하고 드러나는 부분에만 마음을 썼던 것이다. 우리는 그 작은 싹의 실뿌리들이 얼마나 견고하게 땅을 디디고 있는지 볼 수 없다. 하지만 그것을 볼 수 없다고 해서 그것이 없다고 할 수는 없다. 시간의 도움을 받아 저절로 솟아나기 전까지는 인내하며 자기의 힘으로 자라날 수 있다고 믿어야 한다.

무릇 도로가 사방으로 뻗고 평탄한데도 지름길로 가려는 사람이 많은 까닭은, 가까운 길로 급하게 가려는 마음 때문이다.[1]

《문심조룡》〈정세〉에 나오는 말이다. 사방의 도로가 반듯하게 뻗어 있고 평탄한데도 사람들이 지름길을 찾으려는 건 조금이라도 빨리 도착하고자 하는 마음 때문이라고 한다. 누구나 이룰 수 있는 작은 것들에 지나치게 염려한다면 욕심이라는 것이다. 우리는 모두 성장을 경험하고 그 길의 모습을 알고 있으면서도 남들보다 조금이라도 앞서고자 하는 마음을 버리지 못한다. 하지만 빨리 가는 것보다 안전하게 가는 것이 낫고 늦더라도 목적지에 이르는 것이 낫다. 아이들의 자연스러운 속도를 방해하는 부모가 되지는 않았는지 끊임없이 고민해보아야 한다. 때로 아이가 남들보다 더 나은 모습을 보이면 뿌듯해지는 것은 어쩔 수 없다. 하지만 어렸을 때의 실력이 과연 아이의 삶의 전반에 도움이 될지에 대해 생각해보면 꼭 그런 것만은 아닐 때도 많다. 자라나는 과정에서는 조급하게 드러내기보다는 조용히 실력을 쌓고 자기의 속도대로 나아가도록 이끌어주어야 한다.

《사기》〈염파인상여열전〉에는 어려서부터 전쟁에 해박했던 조괄趙括의 일화가 있다. 전국시대에 이미 진나라가 강국이 되어 서쪽으로 세력을 뻗치고 있을 때 동쪽에 있는 여섯 나라는 모두 풍전등화의 위기에 놓여 있었다. 조나라는 장평長平이라는 곳에서 진나라와 대치하고 있었다. 조나라의 조사趙奢는 이미 죽어서, 늙었지만 지혜로웠던 염파廉頗 장군이 조나라의 군대를 지휘하고 있었다. 진나라 군대는 아무리 싸움을 걸어도 꿈쩍 않는 염파 장군 때문에 애를 먹고 있었다. 이에 진나라는 "진나라가 두려워하는 것은 오직 조사의 아들 조괄이 장군이 되는 일뿐이다"라는 소문을 내기 시작했다. 조괄이 염파를 대체하면 승산이 있다고 여겼던 것이다. 조나라 왕은 그 소문을 무턱대고 믿으면서 염파 대신 조괄을 장군으로 삼으려 했다.

조괄은 조나라의 명장인 조사의 아들이다. 어려서부터 아버지 조사의 병법을 여러 번 읽어 군사에 대해서는 세상에 당해낼 자가 없었다. 그가 어렸을 때 아버지와 함께 군사적인 일에 관해 토론한 적이 있는데 전장에서의 경험이 풍부한 조사도 아들을 당해낼 수가 없었다. 그럼에도 그는 아들을 칭찬하거나 치켜세워주지 않았다. 그의 아내는 그렇게 뛰어난 아이를 인정하지 않는 것이 궁금해 물었다. 이에 조사는 "전쟁이란 목숨을 거는 거요. 그런데 괄은 전쟁을 너무 쉽게 말하오. 조나라가 괄을 장군으로 삼지 않으면 다행이지만, 만일 괄을 장군으로 삼는다면 틀림없이 조나라 군대는 파멸당할 것이오"라고 대답한다. 그러나 결국 조나라 왕은 진나라의 계략에 넘어가서 염파를 파하고 조괄을 장군으로 삼는다. 아버지의 예상대로 조괄 뿐만 아니라 사십오만 명이나 되는 조나라 군사가 목숨을 잃는다. 조나라의 수도 한단邯鄲은 이 때문에 일 년이나 진나라에 포위당하는 고초를 겪었다. 초나라의 도움으로 가까스로 벗어났지만 조나라의 국운이 이 전투로 기울어졌다고 해도 과언이 아니다.

조괄의 이야기는 아이들이 가진 지식이 무르익어 지혜가 되는 데에도 많은 시간과 시행착오가 필요하다는 것을 알려준다. 어려서 많은 것을 안다고 해도 결국 시간과 경험의 축적으로 성숙되어야 빛을 볼 수 있다. 사람은 지식만으로 좋은 삶을 살 수 없다. 지식은 중요하지만 그것을 어떻게 판단하고 바라볼지에 대한 가치나 철학이 생겨야 실제로 삶에 도움을 주는 것이다. 조괄은 지식에서는 아버지를 단연 앞섰지만 실제 전쟁의 의미에 대해서는 깊은 통찰력이 없었다. 실전 경험이 쌓이고 그 안에서 전쟁의 진면목을 이해할 수 있었다면 아버지보다 더 좋은 장수가 되었을지도 모른다. 하지만 오히려 자신의 많은 지식을 과신한 것이 자기뿐만 아니라 수많은 사람을 죽음으로 내몰았다.

단단히 뿌리내려야 무성하게 피어난다

오래 엎드려 있던 새는 반드시 높이 날고, 일찍 핀 꽃은 빨리 시든다. 이러한 이치를 알면 발을 헛디디는 근심을 면할 수 있으며, 성급하게 일을 이루려는 생각도 사라질 것이다.[2]

《채근담》에서는 성급하게 일을 이루려는 마음이 강해지면 오히려 일을 이루기 어렵다고 한다. 오래 엎드려 있는 새는 아무것도 하지 않는 것이 아니다. 비상을 꿈꾸며 높이 날아오르기 위한 힘을 축적하는 것이다. 우리는 아이들이 일찍 피어올라 쉽게 지는 화려한 꽃이 아니라 담박하지만 은은하게 오래 가는 꽃이 되길 바란다. 남들과 비교해서 뛰어난 아이가 되었으면 하는지 아니면 자기의 속도에 맞게 성실하게 노력하는 아이가 되었으면 하는지 따져보면 어렵지 않다. 정답을 알면서도 자꾸 잊어버리고 조금 더 서둘렀으면 하는 마음을 가지게 되는 것이다. 이러한 당연한 이치를 마음에 간직하지 않으면 발을 헛디디는 근심에서 벗어날 수 없다. 아이가 단단히 뿌리내리고 자기의 속도로 자라는 과정을 인내하면서 지켜볼 수 있는가. 그리고 언제나 겸손한 마음을 가지고 성숙한 어른의 모습을 가지려고 노력하는 것의 의미를 가르쳐줄 수 있는가. 아이의 때는 아이 자신도 모르고 부모도 잘 모른다. 하지만 어떤 아이든 자기만의 시기가 있다는 것은 누구나 알고 있다. 느긋하게 지켜보며 아이의 적절한 때를 기다려줄 수 있는 부모가 되어야 한다.

> 나무를 금방 심었을 때는 물을 주고 키우는 것에만 주의를 기울여야 하며, 앞으로 자랄 가지, 잎, 꽃, 열매 같은 것은 생각하지 말아야 한다.[3]

《전습록》의 문장이다. 나무를 금방 심었을 때는 키우는 것에만 주의를 기울여야 한다고 하지만 앞으로 자랄 가지, 잎, 꽃, 열

매 같은 것들에 대해 왜 생각이 나지 않겠는가. 하지만 먼 것을 바라는 마음이 당장의 일들에 소홀하게 만들 수도 있기 때문에 지금 할 수 있는 것에 충실해야 한다는 뜻이다. 부모의 마음속에도 아이가 어떤 삶을 살았으면 좋겠다는 바람이 들어 있다. 다만 그것을 밖으로 꺼내 아이에게 내비치지 않아야 한다. 지금 심어진 나무에게 꽃과 열매를 바라는 것은 나무의 입장에서는 대단히 부담스러운 일이기 때문이다. 더욱이 아이가 현재에 대한 집중력을 잃고 목표한 것에 다가가기 어렵게 만든다. 먼 곳을 바라보면 조급하지만 지금을 바라보면 당장 아이를 위해 할 수 있는 일이 보이고 그것을 해내가는 과정이 산란했던 마음을 누그러뜨리고 고요하게 만들어준다.

○ ● ○

결국 모든 아이에게는 길고 긴 시간이 필요하다. 나도 마찬가지로 아이의 삶의 면면을 보면서 걱정과 불안함을 갖지 않을 수 없다. 하지만 누구보다 불안하고 힘든 것은 인생을 멀리 그리고 크게 볼 수 없는 아이가 아닐까 생각해본다. 내가 아니더라도 아이는 자라면서 자신과 주위의 많은 것을 비교하며 좌절하고 의기소침해지는 일들이 생겨날 수밖에 없다. 그 누구보다 조급하고 두려운 마음을 가지게 되는 것은 부모인 내가 아니라 아이 자신인 것이다. 그런데 거기에 더해 부모가 먼저 조급함을 느끼거나 지나치게 걱정하면 아이는 그것보다 몇 배로 걱정하고 괴로워할 것임에 틀림없다.

그런 의미에서 내가 보여주어야 할 태도가 무엇인지 고민하게 된다. 나는 아이에게 불안함을 주는 존재인가, 아니면 불안을 잠재워주고 누그러뜨려주는 역할을 하는가. 아이가 자라는 것을 돕겠다고 조장하는 것은 아닐까. 우리가 아이들을 키우는 목적은 아이가 부모의 품을 떠나서도 혼자 힘으로 좋은 삶을 살게 하기 위함이지 품 안에서 부모를 빛내주길 원함이 아니다. 아이가 어렸을 때 뛰어나면 부모의 자랑이 될 수는 있지만 아이 자신의 자랑이 될 수는 없다. 그래서 큰 그릇은 늦게 만들어진다는 대기만성大器晚成의 교훈은 아이들을 키우는 부모들에게 여전히 귀한 조언이다.

사소한 잘못은
아이도 이미 알고 있다

세상에 완벽한 것이 존재할까. 완벽完璧이란 흠이 없는 옥을 가리키는 말이다. 하지만 아무리 아름다운 옥이라 해도 눈에 띄지 않는 작은 흠이 있기 마련이다. 그럼에도 그 작은 흠이 옥의 아름다움을 해치지는 않는다. 훌륭한 목재라도 옹이가 없는 것은 없다. 마찬가지로 옹이 몇 개가 목재의 훌륭함을 해치지 않는다. 누구에게나 과오가 있다. 그렇다고 해서 과오 하나가 한 사람을 평가할 수 있는 기준이 되는 것은 아니다. 아무리 지은 죄가 막중하다 해도 그것으로 그 사람의 모든 것을 부정해서는 안 되는 것과 같다. 이는 아이를 키울 때 놓치지 않아야 할 마음과도 같다. 아이가 저지르는 잘못에 대해 때로는 단호하게 다루어야 할 때도 있지만 그보다 더 많은 경우에는 덮어주고 흘려보내야 한다. 아이들에게는 반드시 가르쳐야 할 것도 있지만 스스로 터득하도록 가르침을 놓아야 하는 것도 있다. 가르치지 않는 것 또한 가르침이 되는 것이다.

바른길은 단번에 찾아 갈 수 없다

부모인 나의 모습을 보면 과오를 저지르지 않을 때가 없다. 그러나 잘못을 저질렀을 때 언제나 마음을 다잡을 수 있는 말이 있다. 공자는 "잘못하고서도 고치지 않으면 그게 바로 잘못이다(過而不改 是謂過矣, 과이불개 시위과의)"라고 했다. 이는 무엇이든 고치기만 하면 잘못이 아니라는 뜻도 된다. 자책보다는 해결에 더욱 집중할 수 있는 것이다. 그러므로 남의 과오를 고치기 위해서는 지적만이 방법이 아니다. 잘못에 대해 일일이 따져 묻기보다 감싸주면 잘못한 자는 오히려 적극적으로 고쳐야 하는 것에 마음을 쓸 수 있다.

《논어》〈팔일〉에는 이와 관련한 일화가 나온다. 애공이 재아에게 토지를 관장하는 신을 제사 지내는 곳으로 쓸 나무에 대해 물었다. 재아가 대답했다. "하우씨는 소나무를 썼고, 은나라 사람은 잣나무를 썼으며, 주나라 사람은 밤나무를 썼으니 백성들로 하여금 전율케 하려는 뜻이라고 합니다." 공자께서는 이 말을 듣고 재아를 꾸짖으면서 말씀하셨다.

이루어진 일은 해명하지 않고, 끝마친 일은 따지지 않으며, 이미 지나간 일은 추궁하지 않는다.**4**

이미 성사된 일을 가지고 왈가왈부하는 것은 누구에게도 도움이 되는 일이 아니다. 공자는 그래서 끝마쳐서 되돌아갈 수 없는 일에 대해서 지적하는 것은 잘못이라고 했다. 그것이 비록 잘못이라고 해도 기왕에 벌어진 일에 대해서 말하는 것은 비난밖에 되지 않는다는 것이다. 부모는 아이들을 비난하는 존재가 아니라 아이들을 바로잡아 바른길로 이끄는 존재이다. 바른길은 단번에 찾아 갈 수 없다. 이런저런 우여곡절을 겪으면서 찾는 것을 기다려주고 이해해주어야 한다. 결국 길이라는 것은 부모가 아니라 아이가 찾아야 하기 때문이다. 아이의 잘못을 끄집어내서 드러내면 고치고자 하는 마음보다는 상처가 될 뿐이다. 비난은 그저 모욕에만 목적이 있기 때문이다.

작은 너그러움이 큰 보답으로 돌아오다

춘추시대 진목공秦穆公이 유람을 나갔다가 수레가 부서지는 일을 당했다. 본래 양쪽에 두 마리의 말이 수레를 끌고 있었는데 수레가 부서질 때 오른쪽 말 한 마리가 놀라서 달아나버렸다. 목공 일행이 추격해서 기산岐山의 북쪽에 이르니 이 근처에서 살던 야인들이 말을 잡아서 먹고 있었다. 왕의 말을 먹고 있으니 이는 큰 죄라고 할 수 있다. 그러나 목공은 죄를 물기는커녕 그들에게 술을 내린다. "준마의 고기를 먹고 도리어 술을 마시지 않는 자는 사람이 다친다고 했다. 나는 그대들이 다칠까 두렵구나." 목공은 모두에게 두루 술을 마시게 하고 떠나갔다. 이후에는 어떻게 되었을까. 일 년 후 목공이 진晉나라의 혜공惠公과 함께 한원韓原 땅에서 싸우게 되었다. 적군이 목공의 수레를 포위하고 양유미梁由靡가 목공의 참마를 건드리며 사로잡으려 했다. 그때 말을 잡아 고기를 먹었던 야인 삼백여 명이 모두 죽기를 각오하고 목공을 위해 수레 밑에서 싸웠다. 결국 목공의 진秦나라가 혜공의 진晉나라를 물리치고 혜공은 포로가 되었다.

　진목공의 이야기는 작고 단순한 너그러움이 어떻게 큰 덕으로 돌아오는지를 알려준다. 야인들이 저지른 잘못은 당시에는 결코 작지 않았다. 하지만 목공은 잘 모르고 저지른 잘못에 대해서 문제 삼지 않고 오히려 술을 내려주는 작은 덕을 베풀었다. 작은 덕이 야인들에게는 목숨을 다 바치고자 하는 큰 은혜가 되었던 것이다. 사람은 언제나 아무런 허물없이 반듯하게 살아갈 수는 없다. 그것을 덮어준다고 해서 또 다시 같은 잘못을 저지를 것이라고 단정할 수도 없다. 때로는 너그럽게 대해주는 것만으로도 잘못을 고치고 더 나아가서 깊은 감사의 마음을 가지게 된다. 이는 사람을 대할 때 누구에게나 적용되는 가르침이라고 할 수 있다.

간략한 덕이 큰 보답으로 돌아오는 또 다른 고사도 있다. 춘추시대 초나라는 투월초鬪越椒와의 싸움에서 승리하고 그 기쁨을 수도인 영도에서 '태평연太平宴'이라고 이름 붙이고 하루 종일 잔치를 벌이기로 했다. 해가 서산에 기울고 어둠이 깔려도 주흥이 식지 않아 초장왕은 촛불을 밝히고 다시 술을 마시도록 했다. 그리고 자신이 총애하는 허희許姬가 모든 대부들에게 술을 따라주게 했다. 그때 갑자기 일진의 바람이 불어 촛불이 꺼져서 주위가 암흑이 되었다. 좌우 시종들이 아직 불을 켜기도 전에 어떤 사람이 몰래 허희의 소매를 잡아 끌었다. 허희는 다른 손으로 그 사람의 관모 끈을 잡아 당겼다. 관모 끈이 끊어지자 그 사람이 놀라 손을 놓았다. 허희는 장왕 앞으로 가서 이 사실을 아뢰었다. 촛불을 밝히고 관모 끈이 끊어진 사람을 찾으면 범인을 알 수 있다는 것이다.

누구나 이때는 장왕이 불을 켜서 범인을 색출하는 장면을 예상할 수밖에 없다. 하지만 장왕은 촛불을 켜지 말라는 명령을 황급히 내리고 모두에게 이렇게 말한다. "잠시 촛불을 켜지 말라! 과인이 오늘 잔치를 베푼 것은 경들과 끝까지 즐기기 위한 것이오. 이제 경들은 모두 관모 끈을 끊어버리고 통쾌하게 마시시오. 관모 끈을 끊지 않은 자는 함께 술을 마시지 않을 것이오." 결국 허희의 소매를 잡아당긴 사람은 찾을 수 없게 되었다. 이는 갓끈을 끊고 크게 잔치를 벌인다는 의미의 '절영대회絕纓大會'의 고사다. 이야기는 여기에서 끝나지 않는다. 몇 년이 지나 장왕은 정鄭나라가 복종하지 않아 정나라 정복군을 보내게 된다. 당교唐狡라는 자가 만나는 정나라 군사를 다 무찌르고 매일 저녁때가 되면 영채를 세울 수 있도록 깨끗이 청소를 해놓고 기다려 장왕이 도성까지 오는 길에 단 한 명의 정나라 군사도 구경할 수 없도록 했다. 이에 장왕은 당교를 불러 상을 주고자 했지만 그는 거절하며 미인의 옷소매를 잡아당긴 사람이 자신이었다고 말하고 떠난다.

누군가 나의 잘못을 덮어주었다는 것은 나의 잘못을 누군가가 분명히 인지했다는 것이다. 덮어주기 위해서는 그 잘못이 무엇인지 알아야 한다. 목공이 야인들에 술을 내렸을 때 야인들은 이미 큰 빚을 지었다고 생각했다. 갓끈을 모두 끊으라고 말했을 때 장왕은 당교의 잘못을 덮어주었지만 당교는 오히려 자기의 잘못이 분명해짐을 느끼고 한편으로는 죄책감과 감사함이 함께 밀려왔을 것이다. 잘못을 덮어주는 것은 오히려 잘못한 자가 잘못을 쉽게 지나치지 않고 깊게 반성할 수 있는 계기를 마련해주는 것이다. 아이가 잘못을 저질렀을 때 넘어가고 이해해주는 것은 그래서 때로는 아이에게 더 많이 생각할 거리를 전해주고 아이가 스스로 부끄러움을 느낄 수 있게 알려주는 방법이 되어주기도 한다. 나의 경험에도 비추어보면 누군가가 나의 단점을 감싸주었을 때 가장 큰 고마움을 느끼고 무엇보다 그것을 고치기 위해 노력해야겠다고 생각하게 된다. 그래서 반대로 아이에게도 그러한 너그러운 모습을 보여주면서 스스로 더욱 간절하게 잘못된 것을 고치려는 마음을 가졌으면 하는 것이다.

아이는 부모의 이해 속에서 자란다

큰 덕德에서 한계를 넘지 않는다면, 작은 덕들에서는 느슨하게 해도 좋다.[5]

《논어》〈자장〉에 나오는 말이다. 아이들에게 잘못에 대한 분명한 선을 알려주고, 그것을 넘었을 때 호되게 꾸짖고 바로잡아주어야 한다. 하지만 그 선은 좁은 것이 아니라 넓은 것이고, 자유를 속박할 정도가 아니라 방종을 막는 정도가 되어야 하는 것이다. 그 안에서 할 수 있는 크고 작은 잘못들은 이해하고 눈감아주기도 해야 한다. 사소한 잘못들은 대개 부모가 말하지 않아도 아이가 아는 것이다. 작은 것은 쉽게 눈에 보이기 때문이다. 작은 것이란 예를 들어 물이나 음료를 쏟거나 물건을 잃어버리는 것처럼 조심성이 없어서 벌어지는 잘못이다. 이것은 치워야 하는 사람에게는 귀찮은 일이 된다. 하지만 누구나 저지를 수 있는 실수이다. 아이는 구태여 내가 말해주지 않아도 자기 물건을 잃어버린 것을 충분히 마음 아파하고 스스로 책망한다. 자기의 잘못을 분명히 알 수 있는 일에 대해 함께 나서서 잘못을 짚어줄 필요는 없다. 이미 자기가 아는 것에 대해 또 한 번 말을 얹기보다는 오히려 오히려 위로해주는 것이 아이에게 도움이 될 수도 있다. 말하지 않는 것이 때로는 오히려 큰 가르침이 되는 것이다. 잘못이라 말하지 않아도 아이는 이렇게 눈에 보이는 실수에 대해서는 스스로 심각하게 여기고 당황스러워한다.

작은 것도 넘어가지 않고 일일이 지적받으면 아이들은 쉴 곳이 없다. 가정에서 부모에게 넓고 깊은 이해를 받지 못하면 밖에 나가서 매번 불안해하고 자책하며 살 수밖에 없다. 부모가 원칙을 가지고 아이를 길러야 하는 것과 너그러움을 가져야 하는 것은 상충되거나 모순되는 것이 아니다. 원칙은 원칙을 어길 때만 분명히 드러난다. 대개 너그럽고 편안하게 아이의 어려움을 이해해주고 잘못을 감싸주어야 한다. 고사처럼 부모가 준 너그러움이 큰 보답으로 올 수 있다. 그 보답은 다른 것이 아니라 아이도 부모처럼 너그럽고 따뜻한 어른으로 성장하는 것이다. 그것보다 더 크고 좋은 보답은 없을 것이다. 마음이 넓은 아이는 마음이 넓은 부모의 이해에서 자라난다. 큰 덕이 한계를 넘지 않는다면 작은 덕은 느슨해도 좋다는 공자의 말은 여전히 많은 부모가 새겨들어야 하는 교육의 지침이다.

시켜서 말을 잘 듣지 않던 사람도 내버려두면 의외로 따르는 수가 있으니, 엄하게 제어하는 데만 급급하여 그의 불순함을 조장해서는 안 된다.[6]

《채근담》에 나오는 말이다. 사람은 누구나 자유롭고자 하는 마음이 있다. 본래 하고자 했던 것이라도 누군가의 강요에 의해서 해야 한다면 선뜻 마음이 동하지 않는 법이다. 아이들도 마찬가지이다. 부모의 보살핌으로 자라났기 때문에 오히려 그것에서 벗어나고 싶다는 욕구도 생긴다. 아이가 자기의 힘으로 결정하고 행동으로 옮기는 기쁨을 가지게 하려면 부모가 뒤에 물러나 있는 것이 도움이 된다. 엄하게 통제하기에만 급급하면 오히려 불순함을 조장할 수 있다. 부모의 지나친 개입이 오히려 아이들에게 해가 될 수 있음을 알아야 한다.

○ ● ○

실수는 아이든 어른이든 살아가면서 피할 수 없다. 또 어른들마저 자기의 잘못을 알더라도 그것을 고쳐나가기 쉽지 않다. 마음속으로 느끼더라도 행동이 마음을 따라가는 것은 또한 시간과 노력이 필요한 일이다. 마음과 행동의 거리는 언제나 멀기 때문이다. 그렇다면 아이들도 잘못을 고치는 과정이 그렇게 쉬울 수는 없다. 언제나 잘못을 저지른 당사자의 마음이 가장 아프다. 아무리 부모라고 해도 당사자보다 마음이 힘들 수는 없다. 그렇다면 누구보다 부모가 그것에 대해 관대하게 대해주어야 한다. 삶의 곳곳을 긴장감으로 채우면 안정된 마음으로 살아갈 수 없기 때문이다. 가정에서는 엄격하게 가르쳐야 할 것이 있지만 가정이기 때문에 또한 많은 것들을 눈감아주고 보듬어주어야 할 때도 있다. 스스로 잘못이라는 것조차 모르는 일에 대해서는 분명히 말해주어야 하지만 아이 본인이 아는 것이라고 하면 넘어가고 덮어주면서 혼자 해결할 수 있도록 내버려두는 지혜가 필요하다고 생각한다.

답은 다른 곳이 아닌
내 아이에게 있다

먼 곳에 있는 별은 언제나 아름답게 반짝인다. 먼 곳을 동경하는 마음이 가슴을 채우는 것은 때때로 즐겁고 기분 좋은 일이다. 하지만 한없이 밝게 빛나는 별을 바라보고 있자면 내가 서 있는 여기가 한없이 초라하게 느껴지기도 한다. 지금의 부모들이 경계해야 하는 지점이 여기에 있다. 다른 아이와 비교를 하거나 세상의 기준으로 아이를 바라보지 말아야 한다는 뜻이다. 멀리 있는 별이 항상 빛난다고 해도 가까이서 들여다보면 반드시 어두운 면이 있다. 아름다움은 그저 감상에서 그쳐야 한다. 내 바로 옆에 가장 빛나는 별이 있다는 사실을 잊지 말아야 한다. 쓸데없이 비교하고 허황된 것을 좇는 것을 멈추고 내 아이에 집중하는 자세가 그 무엇보다 중요하다.

많은 사람이 자신을 남들과 끊임없이 비교하고자 하는 병통이 있다. 나에 대해 저지르는 잘못은 나에게서 끝이 난다. 하지만 부모로서 아이를 남과 비교하는 것은 아이에게 해를 주는 일이다. 아이가 전적으로 신뢰하는 내가 어리석게 다른 것에 마음을 기울이고 아이를 바라보지 않는다면 아이에게 크나큰 실수를 저지르는 것이다. 누가 정해놓은지도 모르는 모호한 기준을 들면서 아이의 부족함을 지적하거나 안타까운 감정을 드러내는 것은 돌이킬 수 없는 잘못이 되고 말 것이다. 남이 아니라 나에게 집중해야 하는 것처럼, 다른 아이들이 아니라 나의 아이에게 온전하게 마음을 쏟을 수 있는 자세가 필요하다.

모든 건 아이에게서 비롯되어야 한다

군자는 자기에게 달려 있는 것을 삼가고 하늘에 달려 있는 것을 그리워하지 않는다. 소인은 자기에게 있는 것을 놓아두고 하늘에 달려 있는 것을 그리워한다.[7]

《순자》〈천론〉에 나오는 이 말은 아이에 대한 부모의 태도에도 적용된다. 나의 아이를 제대로 보지도 않으면서 먼 곳을 부러워하는 것은 군자가 아니라 소인의 모습이다. 제대로 알지도 못하는 타인을 데려와서 아이와 비교하고 아이를 주눅 들게 만드는 것은 현명한 부모의 모습이 아니다.

《장자》〈천운〉에는 자신에 대해서는 고민하지 않고 무작정 따르는 어리석음에 대한 이야기가 나온다. 서시西施는 춘추시대의 미인으로 나라를 기울게 할 정도의 미모를 가졌다고 해서 경국지색傾國之色의 대명사로 불린다. 역사에 길이 남는 미인이었으니 사람들에게 부러움을 산 것은 당연한 일이다. 그런 서시에게는 가슴병이 있었다. 통증 때문에 가슴에 손을 올리고 이맛살을 찌푸리는 일이 잦았다. 그런데 그 마을의 못생긴 여자가 그 모습을 보고 아름답다고 생각하고 집으로 와서 서시와 똑같이 가슴에 손을 얹고 이맛살을 찌푸리기 시작했다. 그 꼴이 흉측하다고 생각한 마을의 부유한 자는 문을 굳게 잠근 채 밖에 나가지 않았다고 한다. 그러나 가난한 사람들은 문이 없어서 도저히 그것을 보지 않을 수 없었다. 결국 가난한 사람들은 부인과 자식을 이끌고 그 마을에서 달아나버렸다. 조금 슬프면서도 우스운 이야기 같지만 자기에 대해서는 무심하고 따를 수 없는 먼 곳을 추구하는 인간의 결점을 풍자한다는 점에서 의미가 깊다.

이와 비슷한 이야기가 《장자》〈추수〉에 또 있다. 연나라 수릉의 젊은이가 조나라의 수도 한단에 가서 그곳의 걸음걸이를 배우려고 했다. 한단은 당시에 경제적·문화적으로 앞서는 곳이었다. 그러나 그는 그 나라의 걸음걸이도 배우기 전에 옛 걸음걸이마저 잊어버렸으므로 기어서 돌아올 수밖에 없었다. 한단 지방의 우아한 걸음걸이를 배우려고 했으나 결과적으로 네 발로 기어서 고국으로 돌아오게 되었다는 것이다. 못생긴 여자는 서시가 본래 아름답기 때문에 얼굴을 찡그려도 아름답다는 사실을 알지 못했다. 수릉의 젊은이는 심지어 다른 걸음걸이를 따라하려다 자신의 걸음걸이마저 잃게 되었다. 자신을 남에게 기탁하면 남의 좋은 것을 배우기는커녕 오히려 자신의 것조차 잃게 된다는 것이다.

조금 더 빛나 보이는 다른 아이, 아니면 이미 좋은 길로 간 많은 사람을 보면서 우리 아이도 그렇게 되었으면 좋겠다는 생각을 하지 않을 수 없다. 그리고 그 안에서 배울 점을 찾는 것은 유익한 일이 될 수 있다. 하지만 그런 것들도 모두 자신의 아이에게서 비롯되어야 의미가 있다. 아이에게서 좋은 것을 찾고 더 발전시키도록 노력하는 것이지 외부에 있는 좋은 것들을 아이에게 적용시키는 것이 아니라는 말이다. 사회가 원하는 것은 아이가 원하지 않는 것일 수도 있고, 아이의 기질과 반대되는 것일 수도 있다. 그런데 보기에 좋다고 해서 아이도 따라야 한다고 생각하는 것은 자기 자신을 잃게 되는 것만큼이나 위험한 일이다.

아이의 부족함을 그대로 인정하라

자기집 두레박줄 짧은 건 원망 않고 남의 집 우물만 깊다고 원망
한다.**8**

《명심보감》〈성심하〉의 문장이다. 무작정 남을 따라하려는 것
과 마찬가지로 다른 아이의 장점에 대해 원망만 하고 내 아이의
부족함에 눈을 감는 것도 잘못이 된다. 자기 집의 두레박이 짧으
면 그것을 어떻게 늘릴까 고민하는 것이 먼저이지 남의 집 우물
이 깊다고 부러워하는 데서 그치면 도무지 개선의 여지가 생기
지 않는다. 다른 아이의 성취에 대해 부러움을 넘어 시기하고 질
투하기도 하는 것은 어리석은 일이다. 내 아이의 실력을 기르기
위해서는 자기의 수준을 아는 것에서부터 시작해야 한다. 누군가
의 뛰어남이 드러나는 것은 한 순간이지만 그것이 눈에 보이기
까지 부단히 노력했음을 알아야 한다. 눈에 보이는 것보다 보이
지 않는 정성과 노력에 관심을 기울이며 배울 수 있는 것을 찾는
것이 내 아이에게 도움이 되는 일이다. 더불어 무조건 내 아이가

옳고 다른 아이가 그르다고 생각하는 것도 무작정 남을 따르는 것만큼이나 경계해야 한다.

　《한비자》〈외저설 좌상〉에는 분명한 것은 자기 자신에게 있는데 그것을 믿지 못하고 외부의 것에 의존하는 사람의 이야기가 나온다. 정鄭나라에 신발을 사려는 사람이 있었다. 그는 집에서 먼저 자신의 발 치수를 재어보았다. 그런데 시장에 도착해서야 치수를 잰 것을 놓고 왔다는 것을 알게 되었다. 신발장수를 만나자 그는 이렇게 말한다. "내가 발을 잰 것을 잊고 왔소. 돌아가서 그것을 가져오겠소." 그가 부랴부랴 집에 가서 치수를 가지고 돌아와 보니 시장 문은 닫혀 있었다. 결국 신발을 구할 수 없었다. 어떤 사람이 왜 시장에서 바로 발을 재어보지 않았느냐고 물으니 그는 이렇게 말한다. "치수를 잰 것은 믿을 수 있어도 나 자신은 믿지 못하기 때문이오."
　부모가 자기 아이를 통해 아이를 이해하지 않고 다른 것들에 도움을 받아 알아보길 원하는 것은 마치 재어 놓은 신발 치수는 믿지만 자신의 발은 믿지 못하는 정나라 사람의 모습과 비슷하다고 볼 수 있다. 자기의 발을 믿고 신어보면 되는 것인데도 불구하고 그것을 시험해보지도 못하는 사람처럼 아이들을 믿지 못하고 부모 자신을 믿지 못하는 것이다. 그래서 치수라는 기준에 지나치게 의지했던 것이다. 이는 내 아이가 직접 신어보고 확인해보면 될 것을, 다른 사람들에게 다 맞는 신발이라는 이유로 구입해 지나치게 작거나 커도 그것을 신고 다니도록 하는 것과 같다.

부모들은 아이들의 교육이나 생활의 모든 면에 관심이 많고 그것을 어떻게 하면 더욱 잘 이끌어줄 것인지 언제나 고민한다. 하지만 이상하게도 그 고민을 아이와 나누지 않고 다른 방법으로 얻으려고 한다. 정작 당사자인 아이에게 묻지 않고 전문가나 다른 아이의 부모에게 묻고 이야기를 나눈다. 아이에게 접근해서 알아가려는 것과 세상의 기준에 맞추어서 아이를 이해하는 것 중에 무엇이 더욱 깊고 정교한가. 언제나 투박한 세상의 기준으로만 아이를 대하는 것은 아닌지 생각해보아야 한다. 대량의 외부 정보를 믿고 아이에게 접근하는 것은 부모 자신이나 아이에 대한 믿음이 부족하기 때문이다. 아이가 무엇을 좋아하거나 싫어하는지는 아이를 보고 아이와 대화를 나누면서 충분히 알 수 있다. 아이들은 마음을 온전히 드러내서 조리 있게 말할 줄 모른다. 그렇다고 전혀 표현할 줄 모르는 것은 아니다. 중요한 것이 우선 부모와 아이에게 있다는 것을 알면 밖에서 얻으려는 노력을 거두고 당사자에게 관심을 쏟을 수 있다. 부족하고 확실해 보이지 않아도 점점 또렷해지고 확실해지는 것이 생겨날 것이다.

중요한 것은 아이에게 있다

자신이 주체가 되어 사물을 움직이면, 얻는 것이 있어도 기뻐하지 않고 잃는 것이 있어도 근심하지 않아, 드넓은 대지 어디서나 자유롭게 소요한다. 그러나 이와 반대로 사물이 주체가 되어 내가 부림을 당하면, 일이 뜻대로 안 되는 것에 원망하고 뜻대로 되는 것에 애착하여 터럭만 한 사소한 일에도 얽매이게 된다.[9]

《채근담》의 문장이다. 부모가 할 수 있는 일은 아이를 어떤 표준에 도달하도록 하는 것이 아니라 아이가 가진 것을 더욱 발전시킬 수 있는지 궁리해보는 것이다. 자신이 주체가 되어 사물을 움직이면 무엇을 얻거나 잃어도 나의 것이기 때문에 지나치게 흥분하거나 낙담하지 않는다. 변화의 한가운데에 있으면서도 언제나 자신의 의지가 있다는 것을 알기 때문이다. 하지만 외부의 것에 부림을 당하면 언제나 자기 자신이 없기 때문에 쉽게 원망한다. 마찬가지로 부모가 먼저 외부의 것들에 사로잡혀 있으면 자기의 아이를 보는 눈이 흐려지고 아이의 부족함에 대해 쉽게 실망한다. 그러면 아이는 자연스레 자기에 대한 판단이 자기에서 시작되는 것이 아니라 밖의 기준에서 이루어진다는 것을 알게 된다. 아이 스스로 자기가 주체가 된다는 것의 의미를 모르게 되

고 이리저리 흔들리며 사소한 일에도 얽매이는 어려움에서 벗어
나기 어렵다.

○ ● ○

말한다는 뜻을 가진 '설說'이라는 한자에는 '희열'의 뜻이 담
겨있다. 그래서 주역의 《설괘전》에서는 '설'을 '열'로 해석하고
있다. 말은 단지 언어의 발화로 끝나는 것이 아니라 사람을 기쁘
게 해주는 힘이 있다는 뜻이다. 즉 말은 소통이자 기쁨이다. 사회
나 타인의 기준에 아이를 맞추고 아이를 믿지 못하는 부모가 되
어야 할까, 아니면 아이와의 대화가 기쁨 자체로 자리매김할 수
있도록 돕는 부모가 되어야 할까. 외부에 아무리 좋은 것이 있다
고 해도 모든 것은 나의 아이에게서 시작되어야 한다. 그래서 나
는 말이 곧 기쁨이라는 것을 마음에 새기고, 아이의 모든 부분을
기꺼이 받아들일 수 있는 태도와 언제나 아이의 마음을 최우선
으로 생각한다는 태도를 가지고 싶다.

신발 치수가 맞지 않는다고 다시 집으로 돌아가면 시장이 문
을 닫는다. 아이를 믿지 못하고 외부에서 답을 찾으려고 하면 아
이의 마음은 점차 닫힐 것이다. 나는 아이의 마음이 닫히지 않도
록 언제나 가장 중요한 것은 아이에게 있다고 말해주고 싶다. 외
부에서 얻는 도움은 우리를 이해하는 바탕 위에서 비로소 의미

를 가질 수 있는 것이기 때문이다. 외부의 것은 내가 주체가 되었을 때 비로소 구체적인 유익함으로 다가오는 것이다. 답은 아이가 가지고 있는 것이지 밖에 있는 것이 아니다.

사귀는 친구가
아이의 운명을 만든다

논어의 첫 문장에는 배움과 친구가 함께 등장한다. "배우고 또 배우면 기쁘지 않겠는가? 벗이 있어 먼 곳에서 찾아오면 이 또한 즐겁지 않은가(學而時習之 不亦說乎 有朋自遠方來 不亦樂乎, 학이시습지 불역열호 유붕자원방래 불역락호)?" 여기에는 두 가지 기쁨이 등장한다. 배워서 얻는 즐거움과 친구에게서 얻는 기쁨이다. 친구를 통해 얻는 기쁨은 즐거움樂의 감정이다. 이 즐거움은 여러 가지 악기를 가리키기도 한다. 음악은 언어가 생기기도 전부터 사람들을 모으고 관계를 만들어낸 수단이었다. 그래서 이러한 뜻이 나중에는 '즐겁다'와 '좋아하다'처럼 감정을 표현하는 한자로 이어진 것이다. 음악을 연주하고 노래를 부를 때 느끼는 흥겨움만큼이나 친구를 만나는 것은 매우 즐겁고 소중한 일이라는 뜻이다. 이처럼 친구는 인생에서 큰 즐거움을 담당한다. 특히 아이들에게 친구의 의미는 어른들에 비할 바가 아니다.

관계를 이르는 '관關'이란 열고 닫는 것을 말한다. 한자를 보면 문門 양쪽에 실絲이 달려 있어서 문을 여닫는 모습이라는 것을 알 수 있다. 문은 열거나 혹은 닫는 것에 대해 언제나 신중해야 한다. 때에 따라 활짝 열어두어야 하지만 또 빗장을 채워야 할 필요도 있다. 사람과 사귀는 것도 이와 다르지 않다. 가까이 하고 벗으로 삼으면 좋은 사람도 있고 그렇지 않은 사람도 있다. 물론 지나치게 선을 긋듯이 사람을 평가하는 것보다 포용하는 것이 중요하다. 하지만 고전에는 그래도 사람을 함부로 사귀지 말라고 한다. 친구는 살아가면서 얻게 되는 운명이기 때문이다. 이는 나도 누군가의 운명이 될 수 있다는 뜻으로 이어진다.

친구를 보면 그 사람을 알 수 있다

본디 사람은 어릴 적에는 아직 정신이나 감정이 굳게 세워지지 않는다. 그러므로 마침 친하게 지내는 친구에게 모르는 사이에 감화되어 말투 하나하나 동작 하나하나라도 아무 생각 없이 닮

아가게 된다.**10**

《안씨가훈》에 나오는 위 문장은 어린 시절 친구 사귀는 일의 영향이 얼마나 큰지 말한다. 성인이 되면 친구를 사귀기가 더 어려워진다. 이미 확고한 감정과 정신이 마련되어 있기 때문이다. 서로 다른 생각을 좁히기도 어렵고 삶에 대한 철학도 영향을 받기가 어렵다. 하지만 어렸을 때는 그런 것들이 너무나 수월하다. 아이들은 의식적으로 혹은 무의식적으로 서로를 저절로 닮아간다. 아이가 친구들과 함께 있는 것만 봐도 모든 영역에서 서로 영향을 주고받는 것이 보인다. 가정에서는 쓰지 않는 말을 입에 담는 경우 모두 친구들에게서 배워온 것이다. 가까운 친구에게는 표정, 말투, 몸짓 뭐 하나 영향을 받지 않는 것이 없다.

《여씨춘추》의 〈귀당편〉에는 관상을 잘 보는 이와 관련된 흥미로운 이야기가 소개되어 있다. '귀당貴當'은 마땅함을 귀하게 여긴다는 뜻이다. 마땅한 이치를 구하면 원하는 것을 저절로 얻게 된다는 것이다. 초나라에는 관상을 잘 보는 사람이 있었다. 그 사람의 명성이 날로 높아져 초장왕의 귀에까지 들어왔다. 초왕은 이를 신기하게 여겨 그를 불러 그 비결을 물었다. 관상이라는 것은 대개 얼굴의 형태를 보고 그 사람의 운명을 맞히는 기술을 말한다. 그런데 뜻밖에도 그는 관상을 볼 때 실제로 사람의 얼굴을 보지 않는다고 했다. 우리가 생각하는 것처럼 사람의 생김새를 보고 그 사람의 운명을 점치지 않는다는 것이다. 그는 얼굴의 형태가 아니라 그가 가까이 하는 벗을 보고 사람의 앞날을 판단한다고 했다. 그런데 그 결과가 언제나 한 치의 어긋남도 없었다는 것이다.

그는 벼슬하지 않은 평민을 보는 경우, 그 벗들이 효성스럽고 우애롭고 독실하고 차분하며 법령을 두려워하는지를 본다고 했다. 관직을 가진 사람들의 경우, 그 신하들이 진실하고 덕행을 갖추며 선한 것을 좋아하는지를 본다. 군주를 융성하게 하는 동시에 자신의 관직도 날로 높아질 것이니 이것이 길한 신하의 모습이라는 것이다. 관상가의 말에 따르면 타고날 때 어떤 얼굴을 가지는 것은 사람의 운명과 아무런 상관이 없다. 누구를 벗으로 삼는지에 따라 사람의 미래를 알 수 있다는 것이다. 이는 친구의 의미에 대해 다시금 생각해보게 만드는 고사이다. 법령을 두려워한다는 것은 사회와 공동체에 대한 신뢰와 존중이 있는 것이고, 효성스럽고 우애가 있는 것은 가정에서 화목하게 지낸다는 것이고, 독실하다는 것은 성실하다는 것이다. 이런 친구를 사귀면 그 사람의 앞날이 밝을 것이고 반대가 되는 사람을 사귀면 또한 어둡고 암울한 미래가 찾아올 것이라고 한다. 좋은 친구를 사귀면 좋은 사람이 된다는 것은 마땅함이다. 이를 귀하게 여겨야 한다.

내 아이가 바르면 바른 친구들이 모여든다

> 근래에 세상 사람들의 마음이 천박해져 서로 기뻐하고 아무런 거리낌 없이 지내는 것을 서로 뜻이 맞는다고 하고, 원만해서 모나지 않은 것을 서로 좋아하고 사랑한다고 한다. 이와 같은 우정이 어떻게 오래갈 수 있겠는가.[11]

《이정전서》에서는 우정을 위와 같이 말한다. 우정은 관상가의 말처럼 거리낌 없이 함부로 대하는 것이 아니다. 함부로 장난치고 놀리고 스스럼없이만 구는 것은 좋은 친구의 모습이 아니다. 가깝기 때문에 오히려 존중하는 마음을 언제나 품고 있어야 하는 것이다. 장난을 치고 함부로 대하면 아무리 어리다고 해도 그 관계가 오래 가지 않는다. 자신의 일을 성실하게 하고 다른 사람의 즐거움을 보고 기뻐하고 어려움을 보고 안타까워하는 마음, 사려 깊은 마음을 가지면 저절로 그러한 친구들이 가까이 오는 것이다.

내 아이의 말투나 행동이 바르면 저절로 그런 친구가 가까워지고 내 아이의 말투가 거칠고 행동도 바르지 못하면 또 마찬가지의 친구를 사귈 수밖에 없다. 결국 아이 친구의 문제도 가정교육의 문제로 연결된다. 가정에서 어떤 말씨를 사용하느냐에 따라 친구에게 쓰는 말도 달라진다. 가정에서 지적과 비난을 배우면 밖에서도 남에게 그렇게 대할 것이고, 포용과 이해를 배우면 또다른 아이들에게도 그렇게 대하는 것은 너무나 당연한 일이 아닐 수 없다. 아이들이 함께 놀면서 이야기하는 것을 가만히 들어보면 모두가 자기 부모의 말투를 따라하고 있다는 것을 알 수 있다. 사람을 대하는 방식 역시 부모와 비슷하다. 아이들에게 친구를 가려서 사귀어야 한다고 말해주는 것보다 중요한 것은 그래서 부모인 나는 남에게 어떻게 말하고 대하는지에 대해 반성하고 고쳐나가는 것이다.

서로 존중하는 것이 진정한 벗이다

자신의 뜻을 굽혀서 남을 기쁘게 하느니 차라리 자신의 행실을 올곧게 하여 남의 미움을 받는 것이 낫다.**12**

《채근담》에 나오는 말이다. 주역의 비比괘는 친함을 이르는 말이다. 비의 형태는 땅☷ 위에 물☵이 있는 모습이다. 땅과 물에는 빈틈이 없다. 그만큼 친밀함을 유지한다는 것을 가리킨다. 〈상전〉에서는 "친밀한 협력을 스스로 선택한 것은 스스로 지조를 잃지 않은 것이다(比之自內 不自失也, 비지자내 부자실야)"라는 말이 있다. 친함을 유지하기 위해서는 자신의 바름을 지켜야 한다는 것이다. 남에게 아첨하고 뜻을 굽히는 것은 진정한 우정이 아니라는 말이다. 낯빛을 언제나 좋게만 하고 자기를 잃으면서까지 남에게 맞추는 것은 잘못이라는 뜻이다. 그러한 우정은 진정한 친함도 아니고 오래가지도 못한다. 고전에는 아름다운 우정에 관련된 이야기가 많다. 그중에서도 관중管仲과 포숙아鮑叔牙의 관계는 죽을 때까지 이어진다는 점에서 가장 의미가 깊다. 그들의 우정이 오래간 이유는 언제나 서로 존중하는 태도를 잃지 않은 데에 있었다.

관중은 젊은 시절에 포숙아와 장사를 했다. 장사로 생긴 이익을 나눌 때마다 관중이 더 많이 차지했다. 그런데 포숙아는 그것을 알았음에도 관중에게 욕심이 많다고 비난하지 않았다. 관중이 가난한 것을 알고 이해했던 것이다. 함께 세 번의 전쟁에 나갔을 때 관중은 세 번 모두 도망쳤다. 이를 보고 사람들이 관중을 비웃자 포숙아는 "관중에게는 돌봐야 하는 노모가 있다"라고 그를 감싸주었다. 각각 공자 규糾와 소백小白을 섬기다가 훗날 포숙아가 모시던 소백이 제환공이 되었을 때도 관중을 나무라지 않고 재상의 자리에 추천했다. 이때도 포숙아는 관중을 비겁하거나 염치없다고 여기지 않았다. 작은 절개보다 큰 공명을 이루지 못하는 것을 부끄럽게 여긴다는 것을 알았기 때문이다. 이에 관중은 "나를 낳아준 사람은 부모지만, 나를 알아준 사람은 포숙아다(生我者父母 知我者鮑叔也, 생아자부모 지아자포숙야)"라는 말을 남긴다.

둘의 우정은 이후에도 지속된다. 포숙아는 관중을 재상의 자리로 추천했지만 함께 나라 일을 돌볼 때 옳고 그름에 대해서는 물러섬이 없었다. 좋은 것을 보면 좋아하고 싫은 것을 보면 싫어하는 자기의 지조를 끝까지 유지했다. 우정이라는 것은 한쪽이 뜻을 굽히는 것이 아니라 서로 다른 뜻도 존중할 줄 아는 것임을 그들의 관계를 통해 알 수 있다. 아이들의 관계도 어른들과 다름이 없다. 친구를 소중히 여기는 것만큼 자기를 지킬 수 있는 것도 중요하다. 친구의 어려움을 감싸주고 부족한 점을 보듬어주어야 한다. 또 한편으로는 친구를 향하는 것이 아니라 우선은 자기를 향한 눈을 가져야 한다.

○ ● ○

아이가 아직은 어린데도 불구하고 친구 때문에 힘들어할 때가 있었다. 친구 문제는 옆에서 쉽게 도울 수 없기에 더욱 부모의 마음을 아프게 한다. 대수롭지 않게 넘겨야 하는 일들이 더욱 많다. 결국 언제나 아이의 힘으로 점점 더 굳건해지기를 기다리는 수밖에 없다. 나는 아이가 예의 바르고 성실하고 따뜻한 친구와 사귀었으면 하고 바란다. 그렇다면 부모로서 내가 할 수 있는 유일

한 일은 아이를 먼저 이러한 사람이 되도록 돕는 것이다. 또한 결국 우정은 자기에게서 시작되는 것임을 알려주어야 한다. 그래야 아이가 중심을 잡고 친구에 의해 좌우되고 흔들리지 않을 수 있을 것이다.

그러기 위해서는 무엇보다 부모인 나의 관계를 돌아보아야 한다. 내가 남에게 사려 깊고 친절한 말을 하고 있는지 혹은 중심을 잃고 남을 좇는 어리석음을 범하고 있는 것은 아닌지 반성해야 한다. 그것을 보고 아이도 본래 사람과의 관계가 이러하다고 저절로 터득할 것이기 때문이다. 친구는 사람의 운명이라고 할 정도로 너무나 소중하다. 내 아이의 친구가 내 아이의 운명이라면 마찬가지로 나의 아이도 또 다른 사람의 운명이 될 수 있다. 좋은 사람이 되는 것은 자신뿐 아니라 남에게도 이롭다. 이것을 가르쳐줄 수 있는 어른이 되도록 노력을 이어가야겠다.

아이와의 약속은
천금같은 무게가 있다

함께 살아가는 사람들 간의 믿음이 사회를 지탱한다. 공동체에 대한 신뢰가 없으면 작은 것 하나도 이뤄내기 어렵다. 서로가 서로를 믿는 마음은 사회가 앞으로 나아가기 위해 반드시 필요하다. 가족도 마찬가지다. 부모는 아이에게, 아이는 부모에게 언제나 신뢰할 수 있는 존재여야 한다. 부모에게 신뢰를 받는 아이는 스스로 믿을 수 있는 사람이 된다. 자신을 믿는 사람은 또다시 남들에게 신뢰가 쌓이고 그것이 사회에 두루두루 좋은 영향을 미치게 되는 것이다. 신뢰는 사회 공동체의 일원으로서 반드시 배우고 익혀나가야 할 덕목이다.

믿음은 자연스럽게 이해할 수 있는 영역이 아니다. 삶의 곳곳에서 경험하고 느껴야 하는 것이다. 그리고 무엇보다 부모로부터 쌓는 것이 믿음을 이해하는 첫걸음이다. 부모와 만들어가는 신뢰는 자신뿐 아니라 사회에 대한 긍정적인 마음도 가지게 된다. 그것을 가르치지 위해서는 어려운 것부터 무리하게 시도할 필요가 없다. 고전에서는 신뢰는 매우 작은 것부터 시작해야 한다고 말한다. 누구나 실천할 수 있는 소소한 것들을 행함에도 깊은 의미를 발견할 수 있다. 다만 작은 일이 신뢰를 배우는 데 작지 않은 의미를 가지고 있다는 것을 알아야 하는 것이다.

작은 약속들이 쌓여 믿음이 된다

작은 믿음이 이루어져야 큰 믿음이 세워진다.[13]

《한비자》〈외저설 좌상〉에 나온 이 말처럼 큰 믿음은 단번에 이루어지지 않는다. 비록 씨앗에 불과할지라도 믿음을 작은 약속의 실천을 통해 깊게 뿌리내리고 싹을 틔운다. 한비자는 이 때문에 큰 믿음을 세우기 전에 작은 믿음을 세워야 한다고 말했다. 한비자는 사회 안에 작은 약속들이 지켜져야 법이 바로 서고, 법이 바로 서야 나라가 다스려진다는 것을 강조하고 또 강조한 사람이다.

한비자보다 이를 먼저 세상에 알린 이는 상앙商鞅이다. 상앙은 본래 위나라의 공자로 위앙衛鞅이었는데 훗날 진나라 효공孝公에게 발탁이 되면서 상앙이라고 불리기 시작했다.《사기》〈상군열전〉에는 상앙이 어떻게 백성들에게 법을 알렸는지에 대한 이야기가 나온다. 법은 사람들 간의 약속이다. 그리고 그것은 사회에 대한 신뢰를 바탕으로 맺어진다. 하지만 그 옛날 사람들에게 법의 의미를 알리는 일은 매우 어려웠다. 상앙은 이미 법령을 만들었지만 백성들이 믿지 않을까 염려되었다. 그래서 세 길이나 되는 나무를 도성의 저잣거리의 남쪽 문에 세우고 나서 백성들을 모아놓고 말했다. "이 나무를 북쪽 문으로 옮겨놓은 자에게는 십 금을 주겠다." 그러나 백성들은 이것의 의미를 이해할 수 없었고, 오히려 이상하게 여겨서 옮기지 않았다. 그래서 상앙은 옮기는 데 십 금이 아니라 오십 금을 주겠다고 말한다. 어떤 사람이 믿져야 본전이라는 생각으로 나무를 북쪽으로 옮겨놓았다. 상앙은 그것을 보고 즉시 오십 금을 주어 자기의 말이 진실임을 알렸다. 그 후에 비로소 새로운 법령을 널리 알리게 되었다는 것이다.

상앙의 이야기는 먼저 신뢰를 세워야 새로운 것을 알리고 가르칠 수 있다는 점에서 부모에게도 도움이 된다. 아이들에게도 새로운 것을 가르쳐주고 그것을 익숙하게 만들어야 될 때가 있다. 그런데 익숙해지는 것은 차치하고 받아들이는 것조차 어려워서 앞으로 나아갈 수 없는 경우가 많다. 부모와의 신뢰가 돈독하면 낯선 것을 마주해야 할 때도 믿고 따를 수가 있지만 부모를 믿지 못하면 이미 굳어진 습관에서 벗어나기가 어렵다. 상앙은 백성들에게 법의 의미에 대해 장황하게 설명하고 따져가며 그것을 지키게 하지 않았다. 처음에는 작은 것을 보여주고 우선 그것을 지킬 수 있게 이끌어주었다. 그는 법이란 생활 속에 젖어드는 과정 안에서 의미를 찾을 수 있는 것이지 처음부터 백성들이 이해할 수 있는 것이 아님을 것을 알았던 것이다. 그래서 막대기 하나를 옮기는 것에 대한 약속을 하고 그것을 지키는 단순한 경험을 통해서 법의 의미를 알도록 했다.

부모와 아이의 신뢰도 마찬가지이다. 큰 것이 아니라 작은 약속들이 쌓이면서 서로 간의 믿음이 형성된다. 아이가 매우 어렸을 때부터 아이에게는 속이거나 장난을 치면서 신뢰를 허무는 행동을 해서는 안 된다. 아이들이 아무리 어리다고 해도 세상을 이해하는 것은 부모를 통해서이고, 말로 표현하지는 못하지만 그 안에서 어렴풋이 신뢰의 의미를 알게 되는 것이기 때문이다. 매우 사소한 것이지만 약속을 지키는 부모의 모습을 보면서 아이는 약속을 왜 지켜야 하는지에 대한 의문을 가지지 않게 된다. 언제나 부모가 아이에게 아무리 사소한 것이라도 약속을 지켰고, 만일 지키지 못했을 때에는 이유를 불문하고 사과하는 모습을 보였다면 아이의 마음속에 약속의 의미가 차곡차곡 쌓이게 된다.

《한비자》에는 자식과의 약속이 얼마나 중요한지에 대한 짧은 일화가 나온다. 증자曾子는 공자의 제자이다. 어느 날 증자의 아내가 시장에 가는데 그 아들이 따라오면서 울었다. 어머니는 "너는 돌아가거라. 시장에서 돌아오면 너를 위해 돼지를 잡아주마"라고 말하며 아이를 떼어놓았다. 증자의 아내가 시장에서 돌아와 보니 마침 아이의 아버지가 돼지를 붙잡고 죽이려고 하는 것이었다. 아내는 이를 보고 만류하면서 "단지 아이를 달래려고 한 말일 뿐입니다"라고 말한다. 이에 증자는 이렇게 말한다. "아이에게는 빈말을 할 수 없는 것이오. 아이는 지식이 없으므로 부모에 기대어 배우고, 부모의 가르침을 듣소. 지금 당신이 아이를 속이면 이는 아이에게 거짓말을 가르치는 것이오. 어머니가 아들을 속이면 아들은 그 어머니를 믿지 않을 것이오. 그것은 가르치는 방법이 아니오." 그러고는 돼지를 잡아 먹었다고 한다.

많은 부모는 순간적인 위기를 모면하기 위해 무심코 아이와 약속을 한다. 하지만 중요하지 않다고 생각해서 넘어가거나 지키지 않을 때도 있다. 그러나 증자의 말처럼 아이들은 모든 것을 부모에게 기대서 배운다. 쉽게 약속을 어기면 그것은 거짓말을 가르치는 일이 된다. 부모들이 원하든 원하지 않든 부모의 말과 행동이 모두 아이에게 가르침이 된다는 뜻이다. 세상에 거짓말을 가르치고자 하는 부모는 없을 것이다. 하지만 상황을 모면하기 위해 쉽게 내뱉었던 말을 지키지 않으면 그것은 위기의 순간을 벗어나는 것이 아니라 오히려 부모가 분명하게 거짓말을 가르치는 꼴이 된다. 본래 약속은 지키는 않아도 된다는 어긋난 신념마저 생길 수 있다. 결국 아이와의 약속은 부모에게 있어 가장 무거워야 하는 것이다.

때로는 유연함도 필요하다

정직함이 너무 순수하면 신뢰를 받지 못한다.[14]

《장자》〈제물론〉에 나오는 말이다. 살다 보면 상황이나 생각이 달라진다. 법은 한번 만들어졌다고 해서 고정되는 것은 아니다. 사회가 변함에 따라 법도 변화해야 하는 것처럼 약속도 때로는 지키지 못할 때도 있어야 한다. 이것은 증자의 이야기와 모순되는 이야기처럼 들린다. 아이와의 약속을 천금처럼 귀하게 여겨야 한다고 하면서도 왜 때로는 어길 수 있다고 하는 것일까. 장자는 지나치게 고지식하면 오히려 신뢰를 받지 못한다고 했다. 때로는 유연한 모습을 보여줄 필요도 있다는 뜻이다. 아무리 좋은 것이라고 하더라도 완고하면 오히려 신뢰를 받지 못할 것이라는 장자의 지혜도 함께 생각해보아야 한다. 아무리 부모라 해도 자신이 말한 모든 약속을 한 치의 어긋남도 없이 지키기란 쉽지 않을 것이다. 아이도 마찬가지로 아이이기 때문에 무엇을 쉽게 지킬 수 있을지 혹은 그럴 수 없을지 잘 모른다. 아이들은 자기를 과신하고 지킬 수 없는 것을 지키겠다고 자신 있게 말하는 모습을 흔히 볼 수 있다. 그런 것들을 모두 엄중하게 받아들이고 평가의 도구로 삼는 것은 매우 가혹하다. 잘 해내지 못하는 것이 있더라도 이해해주고 지킬 수 있는 것들을 지키는 가운데 스스로를 믿을 수 있는 마음을 심어주는 것이 먼저이다.

자신을 믿어야 타인을 믿을 수 있다

다른 사람을 믿는 것은, 그 사람이 반드시 진실해서가 아니라 자기 자신이 진실하기 때문이다. 다른 사람을 의심하는 것은, 그 사람이 반드시 속여서가 아니라 자기 자신이 먼저 속이기 때문이다.[15]

《채근담》에 나오는 말이다. 모든 것에 의심을 가지는 사람은 자신마저 믿지 못하는 위험에 처할 수 있다. 속지 않으려는 사람은 모든 것에 속을 수밖에 없다. 의심으로 가득 찬 마음은 아무것도 진심으로 대하지 못하는 삶으로 귀결된다. 작은 것을 해내려고 하더라도 할 수 있다는 믿음이 있어야 이루어낼 수 있다. 언제나 되지 않을 수 있는 일말의 가능성은 어디에나 존재한다. 믿음이 아니라 의심에 마음을 걸면 언제나 되는 일보다는 되지 않는 일이 더 많아질 것이다. 남이 나를 속인다고 생각하는 것은 내가 언제나 나를 속여왔기 때문이다.

내가 나의 다짐이나 약속을 지켜왔다면 반드시 타인도 그러할 것이라는 믿음을 가질 수 있다. 이러한 확고한 믿음은 또 다시 타인에게 영향을 준다. 누군가에게 의심이 아니라 믿음을 받으면 하고 싶지 않았던 것마저 하고자 하는 마음이 생긴다. 작은 것이고 누구나 지킬 수 있는 것이라고 반드시 지키는 것은 아니다. 그래서 아이가 매우 손쉬운 것이라도 내뱉은 말을 지켜냈을 때 그 누구보다 아낌없는 칭찬을 해주어야 한다. 그런 경험이 쌓이는 가운데 점점 더 어려운 것들도 해낼 수 있는 힘과 용기가 생기기 때문이다. 스스로를 믿도록 하는 일은 아이뿐 아니라 아이를 둘러싸고 있는 모든 이에게 유익한 위안이 되는 일이다.

○ ● ○

아이가 어릴수록 부모가 지켜야 하는 약속은 사소하다. 하지만 그럴수록 아이와의 신뢰를 쌓는 데 더욱 소중한 시간이 될 수 있다는 것을 알아야 한다. 아이가 어릴 때는 특히나 자기의 감정을 표현하지 못하는 경우가 많기에 더욱 더 아이에게 믿음의 의미를 잘 알려주어야 한다. 고전에서 이 같은 배움을 얻으며 나도 아이에게 한 약속의 의미를 너무 쉽게 생각하지는 않았는지 돌아보게 된다.

아이가 잘 모를 것이라고 생각하고 넘어갔던 것들이 실제로는 아이에게 깊이 남을 수 있다는 것도 알게 되었다. 그래서 이제는 아이에게 쉽게 약속하지 않는다. 그리고 일단 약속을 하면 반드시 지키려고 노력한다. 아이는 지키기 힘든 약속도 지키려고 노력하는 나의 모습을 가상하게 여기고 너른 마음으로 이해해주기도 한다. 그래서 약속을 반드시 지키는 것보다 더 중요한 것은 약속을 지키려는 진심이라는 생각이 든다. 아이를 존중하는 만큼 아이와의 약속을 무겁게 대하는 그 마음이 아이와의 신뢰를 쌓는 데 가장 중요한 밑거름이 된다.

한 가지에 집중하면
만 가지를 얻는다

많은 기교를 배우는 것이 삶을 다채롭고 풍부하게 하는가, 아니면 한 가지를 깊게 배우는 것이 단조로운 삶에 활력을 불어넣고 즐겁게 만드는가. 아이들에게 다양한 것을 배우도록 하고 그것이 나중에 아이들 인생에 도움이 될 것이라고 믿는 사람들이 있는가 하면, 그것보다 하나에 집중할 여유와 정력이 필요하다고 주장하는 사람도 있다. 또는 이 양극단 사이에서 중심을 잡지 못하는 부모도 있다.

이럴 때는 선현들의 지혜에 기대면 선택이 조금 더 수월해진다. 고전에서는 의견이 분분하지 않다. 공부 한 가지를 하는 것도 평생의 노력이 필요하다고 말한다. 다양한 기교를 섭렵하는 것은 오히려 마음을 산란하게 만드는 일이라는 것이다.

많은 부모가 아이의 삶을 풍부하게 만들겠다고 어려서부터 많은 것을 배우도록 한다. 그러다가 일정 시기가 되면 대다수의 아이는 그 경험을 버리고 모두 학업에 뛰어든다. 삶을 풍부하게 하는 것의 진짜 의미는 무엇일까. 많은 활동으로 삶을 꽉 채우는 것이 진정 삶을 풍부하게 만드는 것일까. 많은 것을 해낼 수 있어도 마음이 채워져 있지 않으면 그것은 풍부한 삶이라고 볼 수 없다. 반대로 매일 단조롭게 보이는 삶을 살더라도 마음에 풍족함이 있다면 그 또한 풍부한 삶이다. 물론 많은 것을 배우면서 성취감을 느끼는 사람도 있을 수 있다. 그러나 중요한 것은 마음을 채울 수 있는 삶, 스스로의 삶에 만족하는 것이 바로 풍부한 삶에 대한 정의라는 것이다. 보이는 삶을 다채롭게 만드는 일에 애쓰는 것에 대해 다시 한 번 생각해 보아야 한다. 한 가지라도 잘하는 것을 가지기 위해서는 마음을 하나로 그러모으는 힘, 집중이 필요하다.

삶에 도움 되는 재주도 지나치면 방해가 된다

기교에 능숙한 자는 애써 수고롭고, 지혜로운 자는 근심이 많다.[16]

안지추는 위에 있는《장자》〈열어구〉의 말을 인용하면서 잡기를 배우는 것에 대한 자신의 생각을 밝혔다. 당시에는 서예, 그림, 활쏘기, 점, 수학, 음악, 바둑, 투호와 같은 것을 잡기로 삼았다. 지금은 아마도, 피아노, 바이올린과 같은 악기, 미술, 각종 운동과 무술 같은 것을 말할 수 있을 것이다. 이런 기교들을 어느 정도 즐길 줄 아는 것은 삶에 도움이 되지만 지나치게 많아지면 오히려 삶이 피곤해진다는 말이다. 안지추는 더 나아가 이런 재주가 능수능란해지면 여러 사람에게 불려나가는 등 부담스러운 일이 잦아진다고 했다. 물론 그 시대와 지금의 시대는 다르다. 예전에 잡기라고 여겼던 것이 지금은 직업으로도 이어지는 훌륭한 예술과 체육이 되었다. 하지만 모든 아이들이 그 모든 것들을 다 하기 위해 많은 시간을 할애해야 하는 것은 아니다. 한두 가지에서 흥미를 보일 수는 있어도 그 많은 것을 모조리 경험하면서 즐거움을 경험하기란 쉽지 않다. 또한 많은 것을 배운다는 것은 지나치게 몸을 혹사하는 것이고 하나의 경지에 도달할 수 없게 만드는 장애물이 되기도 한다. 삶을 풍부하고 즐겁게 하는 것이 아니라 오히려 바쁘고 정신 없게 할 수도 있기 때문이다.

전국시대 위魏나라의 군주인 문혜군文惠君과 유명한 요리사인 포정庖丁의 이야기가《장자》〈양생주〉에 실려 있다. 포정은 문혜군을 위해 소를 가른 일이 있었다. 손을 대고 어깨를 기울이고, 발로 짓누르고, 무릎을 구부리는 동작에 따라 소의 뼈와 살이 갈라지면서 서걱서걱, 빠극빠극 소리를 내고, 칼이 움직이는 대로 싹둑싹둑 울렸다. 그 소리는 은殷나라 탕湯왕 때의 명곡인 상림桑林의 무악舞樂에도 조화되며, 요임금 때의 명곡인 경수經首의 음절에도 맞았다. 문혜군은 그것을 보고 아주 감탄하며 "아, 훌륭하구나. 어찌하면 기술이 이런 경지에 이를 수 있느냐?"라고 말했다. 포정은 칼을 놓고 말했다. "제가 반기는 것은 도道입니다. 손끝의 재주보다 우월한 것이죠. 제가 소를 처음 잡을 때는 눈에 보이는 것이란 모두 소뿐이었으나 삼 년이 지나자 이미 소의 온 모습은 눈에 안 띄게 되었습니다. 요즘 저는 정신으로 소를 대하고 눈으로는 보지 않습니다. 눈의 작용이 멎으니 자연스런 작용만 남습니다. 천리를 따라 소고기의 가죽과 고기, 살과 뼈의 커다란 틈새와 빈 곳에 칼을 놀리고 움직여 몸이 생긴 그대로를 따라갑니다. 그 기술의 미묘함으로 아직 한 번도 칼질의 실수로 살이나 뼈를 다친 일이 없습니다. 하물며 큰 뼈야 더 말할 나위 있겠습니까?"

"솜씨 좋은 소잡이가 일 년 만에 칼을 바꾸는 것은, 살을 가르기 때문이지요. 평범한 소잡이는 달마다 칼을 바꿉니다. 무리하게 뼈를 자르니까 그렇습니다. 그렇지만 제 칼은 십구 년이나 되어 수천 마리의 소를 잡았지만 칼날은 방금 숫돌에 간 것 같습니다. 뼈마디에는 틈새가 있고 칼날에는 두께가 없습니다. 두께 없는 것을 틈새에 넣으니, 널찍하여 칼날을 움직이는 데도 여유가 있습니다. 그러니까 십구 년이 되었어도 칼날이 방금 숫돌에 간 것 같지요."

　문혜군은 포정의 말을 듣고 참되게 삶을 누리는 방법을 알게 되었다고 말한다. 칼의 날카로움을 지키기 위해서는 무리하지 않고 살과 뼈 사이의 부드러운 길만 지나가면 된다는 것이다. 이 길이 바로 도라는 것이다. 이것은 삶을 살아가는 지혜를 알려주기도 하지만 한 가지에 몰두하는 것의 의미를 알려주기도 한다. 아무리 사소한 것이라도 잘하기 위해서는 집중의 시간이 필요하다는 것이다. 그것을 업으로 삼는 것이라면 일이년의 노력으로는 이룰 수 없다. 하다못해 아이들에게 풍부한 삶을 약속한다는 그 예체능 중에 하나를 잘하려고 해도 일정의 시간과 노력이 필요하다. 취미는 매우 가볍게 여겨지지만 그것을 즐길 수 있으려면 집중하고 체득하는 시간이 쌓여야 한다. 모두가 포정의 도를 추구해야 하는 것은 아니지만 아무리 가벼운 재주라고 해도 그것에 온 마음을 들여야 그 안에서 배움과 즐거움이 생긴다는 것이다. 그래서 지나치게 많은 것을 배우는 것은 실제로는 배우지 않고 시간을 허비하는 것과 비슷한 일이다.

갈림길이 많으면 길을 잃는다

《열자》〈설부〉에는 이런 이야기가 있다. 양자楊子의 이웃 사람이 자기의 양을 잃어버려, 그의 집 사람들을 동원하고도 모자라서 또 양자네 하인까지 빌려 양을 찾아 나섰다. 양자가 말했다. "어허! 한 마리의 양을 잃었는데 어찌 찾아나서는 사람은 이렇게 많소?" 이웃 사람이 대답했다. "갈림길이 많기 때문입니다." 사람들이 잃어버린 양을 찾으러 나갔다가 되돌아왔다. 이를 보고 양자가 양을 찾았느냐고 물으니 이웃이 대답했다. "그 놈을 잃어버렸습니다." "어째서 잃어버렸다는 거요?" "갈림길에는 또 갈림길이 있더군요. 저로서도 갈 바를 몰라 되돌아오고 말았습니다."

이는 '갈림길이 많아 잃어버린 양을 찾지 못한다'는 뜻의 다기망양多岐亡羊이라는 성어의 유래이다. 학문의 근본이라는 것이 본래 하나인데 많은 방법을 써서 오히려 길을 잃게 된다는 뜻이다. 두루두루 섭렵하려고 하면 오히려 목표를 잃어버리게 된다. 이것은 비단 학문에만 적용되지 않는다. 여러 가지 취미 생활에 이것저것 손을 대기만 하면 오히려 좋아하는 것이 무엇인지도 모르고 갈피를 잡지 못하게 된다. 혹자는 아이들이 그런 것들을 하면서 자기가 좋아하는 것을 찾을 기회를 가질 수 있다고 여긴다. 하지만 어느 정도 즐길 줄 아는 수준이 되어야 그나마 자기가 좋아하는 것이 무엇인지도 알 수 있다. 너무 많은 갈림길에서 양을 찾지 못하는 것처럼 너무 많은 기회 앞에서 자기가 좋아하는 것이 무엇인지조차 알 수 없게 되는 것이다.

장사꾼은 여러 가지를 손대면 가난하게 되고 기술자는 기술이 많으면 궁색하게 되는데 이것은 마음을 한결같게 하지 않기 때문이다.[17]

《회남자》〈전언훈〉에 나오는 이 말처럼 장사를 하든 기술이나 재주를 배우든 너무 많은 것을 배우면 마음이 전일해지지 않는 것은 당연한 일이다. 마음이 분산되면 무엇을 하든 아무리 많은 재주를 배워도 모두 궁색한 데에서 벗어나지 못할 것이라고 한다. 한 가지를 배워도 마음을 한결같이 다스리는 것은 매우 어려운 일이다. 시간과 노력을 들이면서도 원하는 수준에 다가가지 못한다면 만족감과 즐거움을 찾기 어려워지는 것이다. 어떤 부모들은 아이들에게 경제적인 지원을 통해서 많은 것을 경험하게 하고 많은 것을 배울 기회를 제공한다. 또 다른 부모들은 그만큼 해주지 못하는 데에서 미안함과 불안함을 느낀다. 하지만 고전의 가르침을 통해 우리는 아이들에게 너무 많은 경험과 배움의 기회를 주는 것이 오히려 아이들에게 혼란을 주고 오히려 하나도 제대로 배우지 못하도록 할 수 있다는 것을 알 수 있다. 많은 선택지는 본래 자유로움을 주기보다는 불안과 혼란을 초래한다. 그리고 그 모든 것들이 다 소중하게 느껴지지 않도록 만드는 치명적인 단점이 있다. 아이들이 한 가지라도 집중해서 배우고 그것을 진심으로 좋아할 수 있는 시간과 여유를 주어야 한다. 많은 것을 앞에 두고 다 맛보게 해서 맛을 잃도록 하는 어리석음을 범하지 말아야 한다. 다양한 음식을 한꺼번에 맛보면 오히려 미각을 잃게 된다. 하나의 음식이 식탁 위에 차려져 있다고 해서 그것이 맛이 없거나 영양이 부족한 것은 아니다. 아이의 여력에 따라 한두 가지를 전일하게 경험할 수 있는 것이 마음의 풍부함을 보장해주는 일이다.

○ ● ○

책을 좋아하고 글을 잘 쓰는 사람이 되려면 얼마의 시간이 걸릴까. 나에게는 그것이 평생의 숙제이다. 잘하기 위해서는 온전히 집중해도 언제나 부족하고 모자라게 느껴지는 것이다. 아이에게도 부모로서 많은 욕심이 생긴다. 학교생활도 잘했으면 좋겠고, 학업에서도 어려움이 없었으면 좋겠고, 멋진 취미 생활도 가졌으면 했다. 하지만 아이의 시간에는 한계가 있고, 아이에게는 무언가를 해낼 수 있는 힘이 무한하지 않다. 아이들에게는 특히나 목적 없이 노는 시간도 매우 중요하다. 그래서 결국 많은 것을 잘했으면 하는 욕심을 내려놓아야 한다는 생각에 이르렀다.

아이가 잘하지 못하는 것이 있더라도 그것을 인정하고 이해해 주는 마음도 필요하다. 다른 아이들이 모두 잘하는 것이라고 해도 나의 아이는 그것을 좋아하지 않고 못하기도 한다. 하지만 그것에 마음 쓰기보다는 아이가 좋아하는 것을 더욱 잘할 수 있도록 격려하고 이끌어가야겠다는 생각이 든다. 많은 기교를 잘 해내는 능력은 없지만 그 한 가지로도 마음을 채우고 스스로에 대한 자긍심을 가질 수 있다고 믿기 때문이다. 자기를 자랑스러워하고 믿고 아끼는 마음은 반드시 다양한 기교를 얻는 것에서 오는 것은 아니다. 남들이 가는 많은 길을 따라가다가 되돌아오는 것보다는 자기가 선택한 길을 천천히 나아가야 어딘가에 다다를 수 있다. 목표는 언제나 많은 것보다 적은 것이 옳다. 한 가지를 잘 해내기 위한 전일한 마음에서 더 많은 것들을 배우고 느낄 수 있다. 그것은 삶을 축소시키는 것이 아니라 오히려 다양하게 채색하는 것이다. 한 가지 안에서도 배우고 느낄 수 있는 것이 무궁무진하기 때문이다.

4장

지혜로운 부모가
지혜로운 아이로 키운다

세상에 쓸모없는
공부는 없다

어려서는 배움이 싫고 나이가 들면 배움에 대한 후회가 생긴다. 왜 배워야 하는지 그렇게 묻다가도 어른이 되어서 배움과 점점 더 멀어지기 시작하면 오히려 배우고자 하는 욕구가 생겨나기도 한다. 많은 사람들이 하는 가장 큰 후회가 '배우지 못했던 것'이라는 설문을 어딘가에서 본 적이 있다. 황혼의 나이에도 배움에 대한 아쉬움은 떨칠 수 없는 것이다. 배움의 의미는 어렸을 때부터 알 수 있는 것이 아니라 나이가 차고 삶에 치이다 보면 저절로 알게 되는 것 같다. 그래서 왜 배워야 하는지에 대한 답은 아이에게 무리하게 전달할 수 있는 것이 아니다. 다만 부모만큼은 배움에 대한 확고한 생각을 가지고 있어야 한다.

배움을 유용성으로만 따지면 왜 배우지 않아야 하는지에 대한 이유도 수없이 찾을 수 있다. 이익은 미래의 일이고, 배움은 현재의 일이다. 어른들이 배워야 하는 수많은 이유를 들어도, 아이들은 또다시 배우지 않아도 되는 더 많은 이유를 찾아낼 수 있다. 공부를 왜 해야 하는지 그 유용성을 따질 수 있는 만큼 공부를 왜 하지 않아도 되는지 무용성도 무수히 많은 것이다. 심지어 새로운 기술로 기존의 직업이 사라진다고 예견될수록 무엇을 배워야 할지에 대해 더욱 혼란스러워진다. 고정적이지 않기 때문에 이익과 배움은 서로 깊은 관계를 맺지만 또 한편으로는 아무 관계가 없는 것이기도 하다. 쓸모 있음과 쓸모없음을 나누기 전에 마땅히 배워야 한다고 알려주는 것이 혼란스러운 마음을 멈추게 하는 방법이다.

원석도 다듬어야 보석이 된다

옥은 다듬지 않으면 그릇이 되지 않고, 사람은 배우지 않으면 길을 모른다.[1]

《예기》〈학기〉에 따르면 사람이 배우는 것은 옥을 다듬는 것과 같다. 원석 안에 옥이 들어 있어도 다듬지 않으면 옥이 되지 않는 것처럼 배울 수 있는 자질이 있는 사람이라도 배우지 않으면 사람의 길을 알지 못한다는 것이다. 무엇을 배우면 유용하고 무엇을 배우면 무용하다는 생각은 배움에 대한 진지한 마음을 가지지 못하게 만든다. 고전에서 말하는 것처럼 언제나 배움이 삶에 도움이 된다는 믿음을 가지고 있어야 사소한 것이라도 제대로 배우고 깊이 새길 수 있다.

변화卞和라는 사람이 형산荊山에서 옥의 원석을 발견하고 조나라 왕에게 바쳤다. 그러나 왕은 그것이 옥이 아니라며 변화의 한발을 잘라버렸다. 하지만 변화는 다시 그것이 옥이라고 말했고 왕은 또 다시 남은 다리가 잘리는 형벌을 주었다. 자기를 믿어주지 않는 것에 한탄한 변화는 억울한 마음에 사흘 나흘 울었다. 결국 한 번의 기회를 또 다시 얻어 옥을 다듬었다. 이것이 역사에 길이 남는 보옥, 바로 화씨지벽의 이야기이다. 옥은 귀하고 값비싼 물건이다. 그러나 땅 속에 덩그러니 놓여 있는 원석이 곧바로 옥이 되는 것은 아니다. 누군가 옥이라고 여겨도 그것을 믿어줄 수 있어야 비로소 옥으로 탈바꿈할 수 있다. 부모라고 해서 아이들의 역량을 절대적으로 믿을 수 있는 것은 아니다. 변화가 돌덩어리를 옥이라고 했을 때 그것을 믿어주기 힘들었던 것처럼, 아이들이 끈기 있게 자기의 길을 갈 수 있도록 믿고 견뎌주는 것도 마찬가지로 쉬운 일이 아니다. 때로는 그냥 돌덩어리로 보이기도 하고 혹시나 옥이 아니면 어쩌나 실망하는 것에 대해 두려움이 생기기도 한다. 하지만 부모라면 반드시 나의 아이가 옥이 될 수 있다는 마음으로 지켜봐주어야 한다.

배움 자체에 진심을 다해야 길이 생긴다

쓸모가 없음을 알고 나서 비로소 쓸모 있는 것을 말할 수 있소. 저 땅은 턱없이 넓고 크지만 사람이 이용하여 걸을 때 소용되는 곳이란 발이 닿는 지면뿐이오. 그렇다고 발이 닿은 부분만 재어 놓고 그 둘레를 파내려가 황천에 이른다면 사람들에게 그래도 쓸모가 있겠소?[2]

《장자》〈외물〉의 문장이다. 발이 닿는 지면만 실제로 걷는 데 소용이 된다. 하지만 실제로 딛는 지면만 있으면 걸을 수 없다. 딛지 않는 지면이 넓어야 그 안에서 소용이 되는 지면이 생긴다. 소용이 되는 지면만을 남기면 아무것도 소용되지 않는다. 모두 낭떠러지에 떨어지고 말 것이기 때문이다. 그래서 아이들이 하는 공부가 앞으로 쓸모가 없을 것이기 때문에 불필요하다고 말하는 것은 결국 아이의 기회를 박탈하는 것과 같다. 배우는 것에 대해 유용함만 따지려고 하다 보면 그 안에서 아이의 길은 점점 좁아질 수밖에 없다. 쓸모가 없는 것을 모두 없애버리면 쓸모가 있었던 땅도 결국 유용하지 않게 된다. 소용이 없다고 생각하는 것이 실은 소용을 일으키는 중요한 기반이 된다는 점을 알아야 한다.

하지만 부모들은 자기의 경험이나 지식으로 배움의 유용성과 무용성을 나눈다. 입시를 위한 공부만 중요한 부모들, 아니면 입시와 관계없는 일을 할 것이기 때문에 그것과 아예 멀리해도 된다는 생각, 이 모든 것이 아이들의 발걸음을 위태롭게 만드는 것이다. 그러나 조금이라도 더 넓은 길에서 경쾌한 발걸음으로 나아갈 수 있기 위해서는 유용성과 무용성을 나누지 말고 오직 배움 자체에 진심을 다하도록 이끌어주어야 하는 것이다. 자기가 좋아하는 많은 것들 중에서 또 좋아하는 것이 있을 것이고, 또 좋아하지 않는 것들 중에서 좋아하는 것이 생겨날 수 있다. 사고와 경험의 폭을 넓히는 것이 언제나 유익하고 안전하다.

사람이 길을 넓히는 것이지, 길이 사람을 넓히는 것은 아니다.[3]

《논어》〈위령공〉에서는 사람과 길의 관계에 대해 말한다. 길은 본래 있는 것이 아니라 사람들이 자주 왕래하면 생겨나는 것이다. 사람들이 만든 길이라고 해도 그것을 다시 찾지 않으면 길은 사라지고 만다. 그리고 길은 넓으면 넓을수록 걸어가기가 수월하다. 장자의 주장과 공자의 주장에 통하는 부분이 생겨난다. 자기의 길을 만들어나가는 것은 오직 자기 자신이 되어야 한다. 그래야 그것을 이루어서 얻는 뿌듯함이 자기로 돌아오는 것이고, 그것을 이루지 못할 때 배우게 되는 것도 마찬가지로 자기 자신이 되는 것이기 때문이다. 많은 사람들이 만든 길이 앞에 놓여 있다고 해서 반드시 그것이 나의 아이의 길이라고 할 수는 없다. 길이 나지 않을 것 같은 길임에도 자꾸 걷다 보면 또 새로운 길이 생겨날 수 있다. 그래서 배움은 어떤 수단이 아니라 그 자체로 목적이 되어야 한다. 무용과 유용을 나누지 말고 그 자체로 소중하다는 생각을 가져야 자기만의 유용함에 다다를 수 있다.

배움은 내가 좋아하는 것을 찾는 과정이다

폭넓게 배우고 자세하게 설명하는 까닭은 장차 핵심적인 요점을 말하는 것으로 되돌아오기 위해서이다.[4]

《맹자》〈이루하〉에서는 배움의 목적을 위와 같이 말한다. 아이들은 각기 다른 것을 좋아하고 또 성정이나 기질에서도 차이를 보인다. 같은 옥이라도 깎아 놓으면 빛깔이 조금씩 다른 것처럼 아이들도 고유한 것들을 가지고 있다. 같은 것을 배운다고 아이들의 앞에 똑같은 길이 놓이는 것은 아니라는 말이다. 배우면 배울수록 자기가 끌리고 좋아하는 것이 무엇인지, 싫어하고 즐겁지 않은 것이 무엇인지도 알게 되고 나아가야 할 길이 무엇인지 고민하게 된다. 어른이 되었다고 해서 변하지 않고 확고부동한 길을 찾게 되는 것은 아니다. 하지만 배움이 멈추지 않고 이어진다면 앞으로 나아가야 할 길이 어디인지 고민하고 스스로 판단하는 데 도움을 받을 수 있는 것은 분명하다. 맹자는 아이들이 두루두루 배우는 이유는 장차 자기의 핵심을 찾기 위해서라고 말한다. 많은 곳을 둘러보고 경험해보아야 비로소 자기가 진정으로 좋아하는 곳이 어디인지 알 수 있고, 그것을 알게 되면 더 자세하게 이해하고자 하는 마음이 생긴다는 말이다. 보편적인 것을 두루 아는 일은 자기만의 것을 찾기 위함이기에 필요 없는 것이 아니라 반드시 필요한 일이라고 할 수 있다. 아이들에게 있어 핵심은 결국 자기가 좋아하는 것을 찾는 것이다.

아이들은 자기 자신이 빛나는 옥이 될 것이라고 생각하지 못한다. 왜 배워야 하는지, 무엇을 배워야 하는지, 배운다고 해도 잘

할 수 있을지 마음이 쓰이는 것은 어쩔 수 없다. 그런 망설임과 혼란을 바로잡아줄 수 있는 강력한 힘은 부모의 흔들리지 않는 믿음이다. 아이들을 과도한 학업에 내모는 것을 말하는 것이 아니라, 아이가 해낼 수 있는 작은 깨달음도 소중한 것임을 알려주어야 한다는 것이다. 고전에서 말하는 배움이란 높은 성적을 내기 위한 것만이 아니기 때문이다. 아이가 삶 속에서 알게 되는 크고 작은 것들에 의미를 부여하고 그것을 얻으려는 노력이 가상하다고 알려주는 것이 왜 배워야 하는지 이유나 근거를 들어 알려주는 것보다 유익하다. 아이는 부모를 통해 안다는 것이 이처럼 의미가 있는 것임을 매 순간 느끼고 경험하게 될 것이기 때문이다. 아이가 아는 것, 혹은 아이가 알고 싶은 것들 중에 쓸모없거나 별 것 없다고 말하는 것은 아이가 공부와 멀어지게 만드는 부모의 태도이다.

○ ● ○

나는 나의 아이가 어떤 길로 어떻게 가야 하는지 모른다. 무엇을 좋아하게 될지도 모르겠다. 하지만 반드시 자기가 좋아하는 길을 찾을 수 있을 것이라는 점에 대해서는 의심하지 않으려고 한다. 그리고 그것을 위해서 아이가 배우는 많은 것을 하찮게 여기기보다는 뭐든지 관심을 가지고 작은 부분이라도 공감하고 칭찬해주고 싶다. 아이가 느끼고 경험하는 모든 것이 아이의 길을 만드는 것이기 때문이다. 내가 할 일은 결국 마음껏 배우고 느끼고 생각할 수 있는 여유와 관심을 주는 것이다. 배우면서 차츰 얻게 되는 인간의 길 안에서 아이가 당당하게 한 걸음 한 걸음 걸을 수 있도록 해주어야 한다.

때로는 앞으로 갔다가 뒤로 갔다가 또 샛길로 빠지기도 할 것이다. 그러나 그것이 길을 넓히는 것이라고 생각한다면 옆에서 응원과 격려를 하지 않을 수 없다. 내가 먼저 아이에게 소용됨과 소용되지 않음을 나누며 아이의 길을 좁히고 있지 않나 언제나 고민하지 않을 수 없다. 나의 좁은 식견으로 어떤 것을 하고 어떤 것을 하지 말라며 제한하는 것은 아이의 삶에 전연 보탬이 되지 않는 것이다. 나의 앞에 놓인 미래도 가늠하기 어려운데 어떻게 아이의 미래를 예견하고 미리 길을 닦아놓을 수 있을까. 배움은 가능성을 열어주는 문이다. 부모가 나서서 문을 닫고 갈 수 있는 길을 막아 놓을 필요는 없다. 뭐든지 할 수 있다는 믿음을 가지고 뭐든지 도전해보도록 해야 자기가 좋아하는 핵심에 다다르게 될 것이다. 배움이 인간이라면 반드시 행해야 하는 것임을 알면 중심을 잃지 않을 것이다.

소리 내어 읽는 책은
내 것이 된다

누구나 좋다고 생각하는 독서지만 막상 책을 어떻게 읽어야 할지에 대해서는 막막하기만 하다. 그래서 세상에는 수많은 독서법이 있다. 매일 매일 바쁘게 살아가야 하는 것처럼 독서도 얼마나 빠르게 입체적으로 읽어나가느냐가 관건이 되기도 한다. 아니면 이와 달리 한 권을 최대한 느리게 읽는 방법에 대해 관심을 갖는 사람들도 있다. 글을 읽는 것은 배움이자 기술이다. 그래서 많은 책들 안에는 어떻게 책을 읽어야 하는지에 관한 방법이 담겨 있다. 특히나 아이들이 꾸준히 읽을 수 있도록 어떻게 지도해야 하는지에 대해 한 번도 고민해보지 않는 부모는 없을 것이다.

고전에는 다양하고 체계적인 독서법에 대한 이야기가 등장하지 않는다. 고전이 말하는 책 읽는 방법은 단순하다. 책을 읽도록 지도하는 방법도 특별하지 않다. 책은 매일 조금씩 소리 내서 읽도록 하는 것이다. 읽다보면 저절로 이해가 되는 구석이 생기고, 그것이 축적되면서 이해의 폭이 점점 더 넓어진다는 것이다. 새롭고 신선한 방법이 아니라 모두가 알고 있고 어렵지 않게 실천할 수 있는 방법이다. 하지만 오랜 세월 동안 독서를 통해 지혜를 쌓았던 성현들의 가르침이니 많이 알려졌다고 해서 소홀히 흘려보낼 수는 없다. 많은 사람들이 실제로 그렇게 공부를 했고, 그 방법으로 성과를 냈던 것이다. 누구나 따라 하기 쉽다고 가벼이 넘길 방법은 아니다. 단순하기 때문에 오히려 더 많은 아이들이 책과 가까이 하는 기회가 될 수 있는 것이다.

소리 내어 읽는 것이 이해의 시작이다

자제 중에 경솔하지만 재주가 뛰어난 자가 염려된다면 단지 경서를 소리 내어 읽도록 가르칠 뿐 글을 짓게 해서는 안 된다.[5]

《이정전서》에 나오는 말이다. 소리 내서 읽는 것을 음독이라고 한다. 음독은 흔히 매우 어릴 때만 필요하다고 생각되기도 한다. 음독은 묵독으로 가기 위한 중간 단계라고 생각하는 것이다. 소리 내지 않아도 읽히면 그때는 바로 음독을 멈추고 묵독으로 들어갈 수 있다고 여겨진다. 하지만 글을 읽을 수 있는 능력은 일이 년 안에 쉽게 이루어지지 않는다. 그래서 예전에는 어른이 되어도 소리 내서 읽으며 공부하는 것을 부끄러워하지 않았다. 소리를 따라 읽을 수 있어도 소리 안에 담긴 의미를 이해하려면 읽고 또 읽는 것을 반복하지 않으면 안 되기 때문이다. 그래서 《이정전서》에서는 아무리 글을 쓸 수 있는 정도의 뛰어난 자질을 갖추고 있다고 하더라고 소리 내서 꾸준히 읽도록 이끌어야 한다고 말하고 있다. 책 한 권을 읽더라도 묵독으로 읽는 것과 음독으로 읽는 것은 큰 차이가 있다. 소리 내서 읽으면 내용만큼이나 세세한 표현에도 마음을 쓸 수 있다.

미리 배경지식을 갖추고 그 안에 담긴 어려운 단어의 뜻을 이해하고 책을 읽는다면 음독을 하지 않아도 이해가 가능하다. 하지만 책을 읽기 전마다 그런 준비 과정이 필요하다면 책을 읽는 것이 매우 복잡하고 어려워진다. 어떤 글이라도 먼저 음독으로 읽어볼 수 있다는 마음을 가지면 그것이 이해가 되든 되지 않든 중요하지 않다. 내용을 이해하지 못하는 아이라도 소리 내서 읽는 것은 해낼 수 있다. 읽고 또 읽다 보면 내용과 어려운 단어마저 익숙해지는 것이다. 매우 단순하지만 효과적이고, 특별한 이해가 없어도 지속할 수 있는 방법인 것이다.

단 한 페이지라도 깊이 읽어야 한다

매일 한 가지 경서와 자서를 읽되, 많이 읽을 것이 아니라 다만
정독하고 숙독하도록 해야 한다.[6]

《소학》〈가언〉에서는 정독과 숙독의 중요성을 강조한다. 매일
쏟아지는 수많은 책을 다 읽을 수 있는 사람은 없다. 하지만 한
권을 읽더라도 제대로 읽는 사람이 있고 그렇지 않은 사람이 있
다. 그래서 고전에서는 다독을 강조하지 않는다. 앞서 말한 대로
소리 내어 천천히 읽으려면 많이 읽는 것보다 적게 읽어야 한다.
적게 읽을수록 그 의미가 더욱 깊어진다는 것이다. 어찌 보면 고
전의 독서 방법은 누구나 수월하게 해낼 수 있는 방법이다. 매일
빠른 시간에 많은 것을 읽는 것은 이미 숙련이 된 사람은 몰라도
대부분에게는 부담스러운 일이다. 하지만 자기가 읽을 수 있는
것이 단 한 페이지라고 하더라도 그것만 충실히 읽고 읽기를 지
속할 수 있다면 그것이 최고의 방법이라는 것이다.

많은 아이들은 책 읽기를 싫어하고 읽으려고 해도 어려움을

느낀다. 그럼에도 저마다 읽을 수 있는 양이 다르다는 것을 이해하면 꾸준히 읽도록 지도할 수 있다. 단번에 많은 것을 읽고 이해할 수는 없지만 읽기가 그리 어려운 일이 아니라는 것을 알려주면 점점 더 익숙해진다. 또 시간이 쌓이면서 매일 읽을 수 있는 분량도 적정 수준에 이르게 된다. 고전은 단번에 탁월해지는 재주를 알려주지 않는다. 단 며칠이나 몇 달 안에 지식이 충만해지고 단 몇 년 안에 뛰어난 재능이 생길 수 있다는 기대감을 가지게 하지는 않는다. 그저 본래 읽는 것은 이처럼 천천히 꾸준하게 하는 것 말고 다른 도리는 없음을 말한다.

《삼국지》의 〈위지〉에는 독서를 좋아했던 동우董遇라는 사람의 이야기가 전해진다. 동우는 후한 말기 사람으로, 당시는 모든 사람들이 자기의 재주를 유력자에게 팔아 출세를 하여 생계를 유지하는 시대였다. 그는 관중關中에서 난이 일어나자 형인 계중季中와 함께 단외段煨라는 장군에게 의지했는데 돌벼를 캐어먹거나 등짐을 지고 다니면서도 경서를 끼고 다니면서 틈나는 대로 되풀이해서 읽었다. 형이 그것을 보고 비웃었지만 그는 책을 읽는 습관을 버리지 않았다. 많은 양의 책을 읽은 것이 아닌데도 불구하고 반복해서 읽고 또 읽자 그의 학문은 《노자》와 《춘주좌전》의 주석을 할만큼 깊어졌다. 그러자 많은 사람들이 그를 찾아와 배움을 전수받고 싶어 했다. 하지만 그는 그때마다, "내게서 배우기보다 집에서 자네 혼자 읽고 또 읽어보게. 그러면 자연 뜻을 알게 될 테니(讀書百遍 其義自見, 독서백편 지의자견)"라고 거절하면서 남에게 설명을 들을 것이 아니라 한 권의 책을 백 번 읽을 것을 강조하였다. 백 번이라는 것은 책이 이해가 될 때까지 되풀이해서 읽으라는 말이다. 뛰어난 사람에게 말로써 설명을 듣는 것보다 미약하지만 자신의 힘으로 읽다 보면 뜻은 저절로 드러나게 되어 있다는 것이다.

동우는 또한 책을 읽을 겨를이 없다고 투덜대는 사람들에게 책을 읽을 수 있는 한가한 때가 세 번은 있다는 '독서삼여讀書三餘'의 조언을 한 것으로도 유명하다. "겨울은 한 해의 나머지이고, 밤은 하루의 나머지이며, 비 오는 날은 때의 나머지이다(冬者歲之餘 夜者日之餘 陰雨者時之餘也, 동자세자여 야자일자여 음우자시자여)" 시간이 없어서 글을 못 읽는 사람은 없다는 것이다. 글을 읽을 수 있는 한가한 시간은 누구에게나 있다. 아이들이 바빠서 책을 시간이 없다는 것은 동우의 입장에서는 이해할 수 없는 일일 것이다.

필사는 바빠서 읽을 시간도 부족한 아이들에게 더 없이 불가능한 방법으로 여겨지기도 한다. 하지만 글을 깊이 읽어낼 수 있는 힘을 줄 수 있는 확실하고 유용한 방법이다. 비록 신선하고 즐거운 읽기 방법은 아니지만 좋은 글을 차분히 베껴쓰는 일은 반복해서 읽는 것처럼 글의 의미를 이해하는 데 큰 도움을 준다. 동완東莞의 장봉세臧逢世라는 사람은 스무 살을 넘겼을 때 반고班固가 지은《한서》를 읽고 싶었지만 남에게 빌린 책은 금방 돌려주어야 했기 때문에 난처했다고 한다. 그래서 제부인 유완劉緩의 집에 방문한 손님이 놓고 간 명함이나 편지 끝의 여백 부분을 얻어 와서 《한서》를 모두 베꼈다. 그는 본래 필사의 의미를 이해하고 그렇게 공부하려고 했던 것이 아니라 단지 책을 베껴야 했기 때문에 필사를 했다. 그런데 그 과정에서 저절로 글의 뜻이 마음에 새겨졌고, 결국《한서》전문가로 이름을 날리게 되었다.

필사는 느리지만 한 걸음 한 걸음 걸어가며 느끼고 경험하는 여행과 같다. 그 과정을 자기의 두 다리로 건너는 여행은 어디든 목적지에 닿는 것에만 치중하는 것과 비할 수 없는 마음을 크기를 남긴다. 어딘가 목표한 곳에 빨리 다가가는 임무수행식의 공부만으로는 소중한 배움의 가치를 얻을 수 없는 것이다. 한 권의 책을 반복해서 읽거나 필사를 해서라도 곱씹고 이해하는 방법보다 더 효과적인 배움의 방법은 없는 것이다.

타인이 아닌 자신의 마음으로 이해해야 한다

책의 내용을 상세히 설명하는 것은 반드시 옛사람의 뜻은 아니어서 도리어 사람을 경박하게 만든다. 배우는 자는 마음을 가라앉히고 생각을 쌓고 여유 있게 함양하여 자득함이 있도록 해야 한다. 지금 하루 만에 다 말해버리면 가르치는 것이 경박하게 된다.[7]

《근사록》〈교학〉에 나오는 말이다. 아이에게 책의 중요성에 대해 아무리 설명해도 크게 마음에 닿지 않는다. 글의 내용을 미리 말해준다고 해서 깊이 있는 자신의 관점이 생기지 않는 것도 마찬가지이다. 이해가 되는 만큼 읽고 또 읽고, 그러면서 점점 자기의 마음에 스며드는 것이지 누군가의 말만으로는 쉽게 전해지지 않는 것이다. 다른 사람의 설명을 듣는 것은 다른 사람의 배움을 엿보는 것이지 자신의 배움은 아니다. 진정으로 자기의 마음에 젖어드는 독서를 하려면 자기의 힘으로 읽고 또 읽는 수밖에 없다. 이것은 어떻게 보면 부모가 아이의 독서에 대해 크게 도움을 주어야 한다는 부담에서 벗어나게 해준다. 아이가 읽어도 이해하지 못하는 것에 대해 크게 걱정하고 안타까워할 필요가 없다는 것이다. 부모가 해줄 수 있는 일은 글의 뜻을 조급하게 알려주는 것이 아니라 본래 처음부터 쉽게 이해되는 글이 없다는 점으로 아이를 안심시키는 것이다. 읽고 또 읽을 수 있도록 안내해주는 것 말고는 해줄 것이 없다. 동우는 그것을 깨우쳤기 때문에 자기의 설명이 타인에게 전연 도움이 되지 않는다는 것을 알았다. 아이의 마음을 북돋워주는 것으로 충분하다. 이는 모든 부모가 실천할 수 있다는 점에서 매우 좋은 방법이 될 수 있다.

○ ● ○

고전에서 배운 방식을 내 아이에게 적용시켜보는 것은 안심이 되는 일이다. 왜냐하면 시중에 떠도는 수많은 방법이 아이에게 적합할지 적합하지 않을지 고민해보고 시행착오를 겪는 일은 조금은 불안하기도 하고 마음이 조급해지기도 하기 때문이다. 하지만 너무나 오랜 시간 동안 일관되게 주장하고 있는 이 공부의 방법에 대해서는 의심보다는 확신이 들고 조급함보다는 여유가 생긴다. 아이에게 나서서 무엇을 가르쳐야 하는 것도 아니고 매일 많은 시간을 책과 씨름하게 할 필요도 없는 방법이다. 마음을 써야 하는 점은 아이에게 반드시 유익할 것이라는 믿음과 꾸준히 이어나가는 성실함을 가지게 하는 것이다.

그래서 나는 아이가 글자를 알기 시작할 때부터 매일 소리 내서 글을 읽도록 하고 있다. 아이는 이해가 되지 않아도 조금만 읽으면 된다는 생각에 그리 어렵지 않게 따라오고 있다. 그리고 때로는 이해가 되는 부분이 생길 때 얻을 수 있는 기쁨도 조금씩 느끼는 것 같다. 무엇보다 더 귀한 것은 바로 아이가 스스로 책을 좋아한다고 느낀다는 것이다. 특별히 많이 읽지는 않지만 매일 손에 쥐고 있는 시간이 쌓이고 그 모습을 스스로 바라보면서 보람도 얻는 듯하다. 고전에서 말하는 읽는 방법은 실은 누구나 아는 기본적인 읽기 방법이다. 하지만 그러한 방법의 의도나 진심을 크게 받아들이지 않으면 알면서도 실천하기가 어렵다. 부모에게는 새롭지 않은 방법이라고 해도 아이들에게는 신선한 방법이고 부모에는 평범한 가르침일지라도 아이들에게는 특별한 경험이 될 수 있는 것이다. 책을 접하기 어려워하는 아이들에게 반드시 도움이 될 것이다.

재미있는 책보다
의미 있는 책이 귀하다

책이라는 세상 안에는 무한한 세계가 있다. 그 세계는 현재와 과거를 연결해주기도 하고 다가오지 않은 미래를 꿈꾸게도 한다. 지금 누리는 하나의 삶 속으로 셀 수 없이 많은 인생들과 사람들이 실제의 경험인양 다가오고 또 멀어지기를 반복하는 것이다. 지혜로 가득한 글은 삶의 지침이 되기도 하고, 수많은 감정이 담겨 있는 글은 마음을 들여다볼 수 있게 해주고, 다양한 삶의 면면을 살피다보면 좋은 삶이란 무엇인가에 대한 질문을 언제나 가슴속에 간직할 수 있다. 그래서 책을 손에 쥔 아이를 보고 흐뭇하고 기쁜 생각이 들지 않는 부모는 없다. 부모의 지혜는 한계가 있지만 책에서 얻을 수 있는 지혜에는 한계가 없다. 학교에서 배우는 지식도 마찬가지로 독서에 비하면 결코 무궁무진하다고 할 수 없다. 그래서 아이에게 책을 읽는 즐거움을 가질 수 있도록 도와야 하는 것이다.

책의 의미를 알았다고 해도 부모에게 남는 또 하나의 어려운 과제는 무엇을 읽도록 지도해야 하느냐는 것이다. 이에 대해서는 의견이 분분하다. 반드시 고전부터 읽도록 권해야 한다는 주장도 있고, 좋은 책은 아이가 좋아하는 책일 뿐이라며 특별히 권해야 할 것은 없다고 말하는 사람도 있다. 단지 아이가 좋아하기만 하면 그것이 최고의 책이라는 것이다. 물론 아이가 흥미를 찾아가며 책을 읽고 스스로 주제를 확장하는 경험을 하는 것은 매우 고무적인 일이다. 하지만 실제로 많은 아이들은 무슨 책을 읽어야 할지 잘 모른다. 거기에서부터 독서교육의 어려움이 발생한다.

그런데 책을 그토록 강조하는 수많은 고전 안에서는 무슨 책을 읽어야 할지에 대한 내용이 없다. 그저 좋은 책을 선정해서 그것을 읽도록 하면 된다고 한다. 고전에서 말하는 방법을 보면 더 이상 무엇을 읽힐 것인가에 대해 큰 고민이 없는 것처럼 느껴지기도 한다.

읽기 힘든 책이 몸에도 좋다

독서를 하고 학문을 하는 까닭은 본래 닫힌 마음을 열고 사물에
대한 안목을 밝게 해 행동하는 데 이로움을 주고자 해서이다.[8]

《안씨가훈》〈면학〉에서 안지추는 자손들에게 독서를 하고 학
문을 하는 것은 '마음心'을 '열도록開' 하고, '눈目'을 '밝혀明' 행동
을 이롭게 하기 위함이라고 말한다. 독서는 배우는 것이고, 배우
는 것이 곧 독서라는 생각은 반드시 재미와 흥미를 추구해야 한
다는 오늘날 독서의 의미와는 결이 다르다. 고전에서 말하는 독
서의 의미를 생각해 보면 독서에 대해 두 가지 판단이 생긴다.
'배움을 위한 독서'와 오로지 '즐거움을 위한 독서'로 말이다. 물
론 배우다 보면 즐거울 수도 있고, 즐겁게 읽다 보면 배움을 얻기
도 한다. 즐거운 여가생활을 위한 독서가 잘못되었다고는 할 수
없다. 그러나 모든 독서가 흥밋거리가 되어서는 안 된다고 볼 수
있다. 오로지 재미만을 추구하는 것은 지나치게 치우친 생각이니
고전에서 말하는 학문으로서의 독서에 대해서도 관심을 두면 분
명히 도움이 될 지점이 있을 것이다.

'재미'는 본래 맛의 의미를 가지는 자미滋味라는 한자에서 나왔
다. 자미는 어떤 맛, 혹은 입맛을 당기는 맛의 뜻을 가지고 있다.

우리는 아이들이 입에만 맞는 음식만 먹기보다 영양가가 있고 건강에 도움이 되는 음식도 먹길 바란다. 아이가 좋아한다고 해서 좋지 않은 음식을 꾸준히 먹이는 부모는 없다. 책에서 즉각적인 재미만 찾는 것이 옳다고 여기는 것은 이처럼 영양을 생각하지 않고 오로지 아이의 입맛에만 맞추는 것과 같다. 때로는 아이가 내키지 않아 해도 먹여야 할 때가 있다. 그것마저 경험하다보면 익숙해지고 좋아하게 될 수 있는 것이다. 몸에 좋은 약이 입에 쓰다는 말처럼 좋은 책이라는 것도 반드시 재미만으로 얻게 되는 것은 아니다. 마음을 열고 눈을 밝히는 일은 불편함이나 어려움을 감수하고 부단히 추구하지 않으면 얻어낼 수 없는 것이다.

역사에 길이 남는 고전, 《사기》를 쓴 사마천司馬遷은 어려서 아버지의 도움으로 책과 가까이 지낼 수 있었다. 어린 시절의 사마천은 장난치기를 좋아하고 성실하게 공부하는 것과는 거리가 먼 소년이었다. 훗날 궁형을 받고 사기를 완성 한 후 친구인《임안에게 보내는 편지報任安書》에서 "내가 젊었을 적에는 고삐가 풀린 듯 자유분방한 재주를 믿었건만, 나이 들어 보니 고을 마을에서조차도 아무 영예가 없었다"라고 한 것을 보면 처음부터 학문에 뜻을 두고 정진해 왔던 것은 아닌 듯하다. 아버지 사마담司馬談은 사마천이 일곱 살 때 천문 역법과 도서를 관장하는 태사령太史令이 되지만 아들의 독서에는 제대로 마음을 써주지 못했다. 나중에야 아들의 어려움을 알게 된 사마담은 조금 늦었지만 아들의 공부를 이끌어주기로 마음먹었다.

아버지의 계획에 따라 사마천은 《논어》, 《맹자》, 《초한 춘추》와 같은 고전문헌을 읽어나갔다. 당시에는 민간에서 이런 책을 구하기 쉽지 않아 아버지가 곳곳을 찾아다녔다. 책이 있다는 소식을 들으면 먼 곳도 마다하지 않았고, 책을 팔지 않아 손에 얻을 수 없을 때에는 사람을 사서 베끼도록 했다. 이에 더해 민간에서 구할 수 없을 경우에는 황실의 서가에서 빌려 와 사마천에게 읽힌 다음 황실 서가에 돌려주었다. 심지어는 책을 구하는 비용을 전답을 팔아서 마련했다고 한다. 이렇게 되니 집안에 쌓인 책이 많아졌고, 지금 흔히 언급하는 고전의 반열에 오른 책을 두루 갖추게 되었다. 사마담은 당시에 사용하고 있었던 '금문金文'과 이전에 사용했던 문자인 '고문古文'을 모두 읽을 수 있도록 가르쳤다. 그래서 사마천은 과거의 글이라도 쉽게 읽어낼 수 있었다. 몇 년 동안 이렇게 공부하자 학자로서의 명성도 자자해졌다.

그러나 사마천에게도 큰 시련이 닥쳤다. 훗날 흉노에게 부득이하게 투항한 이릉李陵 장군을 변호하다가 황제의 노여움을 사서 죽음과 치욕의 기로에 서게 된 것이다. 그러나 그는 궁형을 택하면서 치욕스러운 삶을 이어가기로 했다. 역사서를 쓰기로 한 아버지와의 약속을 지켜야 했기 때문이다. 그렇게 사마천은 남들이 비웃고 멸시해도 자기가 해야 할 일을 하고자 집필을 멈추지 않았다. 그래서《사기》안에 그의 슬픔과 분노가 고스란히 남아 지금까지 전해진다. 사마천의 드라마틱한 인생 이야기에 비해 아버지의 노력은 그만큼 주목을 받지 못한 측면이 있지만, 사마천이 이와 같은 학문을 연마하고 완성할 수 있었던 것은 아버지의 부단한 노력과 관심 덕택이었다. 아버지 사마담은 그야말로 정성을 다해 아들이 좋은 책을 접할 수 있게 도운 것이다.

지금은 책이 넘쳐나서 그러한 노력은 별로 중요하지 않다고 여길지도 모르겠다. 하지만 여전히 아이들에게 도움이 되는 유익한 책과 그렇지 않은 책이 있다. 그것들을 구분하고 마음을 써서 좋은 책을 찾아주려는 노력은 여전히 필요하다. 오히려 책이 넘쳐나기 때문에 어떤 책을 읽어야 하는지에 대한 고민은 더욱 깊어진다.

사마천은 어린 시절 개구쟁이에다 싸움을 일삼았지만 책을 전하는 아버지의 진심을 모른 척할 수는 없었을 것이다. 책을 처음부터 즐겁고 기쁘게 읽을 수 있는 사람은 별로 없다. 사마천과 같은 역사에 길이 남는 학자도 오롯이 자기 힘으로 책을 읽고 좋아하지 못했다는 점을 생각해보면 크게 이상한 일도 아니다. 문자의 의미를 따라가면서 그 의미를 이해하는 일은 어른이 되어서도 하기 어렵고, 그것을 어렵지 않게 해냈던 사람조차 일정 시기에 책을 손에서 놓으면 다시 편안하게 읽을 수 없어진다.

더구나 요즘처럼 주위에 흥밋거리가 넘쳐나는 시기에 책을 재미로 접근하면 좋은 글에 다가가기가 더욱 힘들어진다. 세상에 재미있는 것이 많은데 굳이 책에서도 재미있는 것을 찾으라고 하는 것은 책을 가까이하도록 하기보다는 오히려 멀리하게 만들 수도 있는 것이다. 양질의 책을 조금씩 읽으면서 그 맛을 음미하게끔 하다 보면 아이는 여타의 오락과 다른 책만의 색다른 재미를 알 수 있게 될 것이다. 배우고 익히기 위해서 읽어야 하는 유익한 책은 처음부터 재미로 접근하지 않는 것이 고전에서 책을 대해는 자세이다. 독서가 배움이라는 확고한 믿음이 없으면 부모가 독서를 권하기 어려워지고 아이도 끝끝내 책으로 다가가지 못할 것이다.

아이들에게 추천할 수 있는 고전은 많다. 아이들이 읽을 만한 고전은 지금의 부모 세대가 어렸을 때도 여전히 좋은 책이라고 여겼던 것들을 말한다. 아이의 입맛에 맞는 책을 찾아주지 못해서 고민이 된다면 누구나 알만한 고전을 읽도록 하는 것도 좋은 시작이 될 수 있다. 좋은 책은 대개 처음에는 다가가기 쉽지 않다. 고리타분해 보여 아이들의 흥미를 끌지 않기 때문이다. 그러나 막상 읽기 시작하면 또 읽고 싶고 읽을 때마다 다른 것들이 보이는 경험을 할 수 있다. 부모들이 추천하는 것을 읽도록 이끄는 것은 아이들의 자율성을 해치는 것이 아니라 아이들에게 새로운 세계를 선사하는 일이다. 처음에는 아이가 그리 좋아하지 않기에 가혹하게 여겨질 수 있지만 재미만을 위한 독서보다 더 멀리 진중하게 나아갈 수 있다.

무엇을 얻을 것인지는 아이에게 달렸다

한 상자의 황금을 자식에게 물려주느니 경서 한 권을 가르쳐 주는 게 낫다.[9]

《명심보감》〈훈자〉의 문장이다. 내가 아이에게 바랐던 모습은 스스로 책을 고르고 그 안에서 즐거움을 찾는 일이었다. 부모인 나는 보조적인 역할만 하고 아이의 힘으로 독서의 세계에 빠져든다면 더할 나위가 없이 기쁠 것이다. 하지만 나는 어른임에도 여전히 좋은 책을 고르지 못해 많은 사람들이 인정하는 책을 먼저 택하는 경우가 많다. 아이는 아직 어리니 좋은 책의 의미도 모르고 그것을 찾을 줄은 더더욱 모른다. 아이에게 좋은 책을 읽을 기회를 주지 않고 혼자 힘으로 찾아내라고 하는 것은 그래서 지나치다는 생각이 들었다. 아이가 책 안에서 어떤 것을 발견하고 무엇을 좋아할지 나는 모른다. 무엇을 얻게 될지에 대해서는 내가 강요할 수 없는 것이다. 다만 삶과 세상에 관한 깨우침이 많은 세계로 안내하는 것이 부모의 의무가 아닐까.

○ ● ○

아이에게 황금 한 상자는 주지 못해도 누구나 감명 깊었던 소중한 책은 공유할 수 있다. 아이와 가슴속에 남을 만한 책을 함께 읽고 나누는 것은 마음만 먹으면 누구나 해낼 수 있다. 오늘날 부모들은 사마천의 아버지처럼 좋은 책을 구하기 위해 전답을 파는 수고로움을 감당할 필요가 없다. 누구나 도서관에 갈 수 있고, 관심만 가지면 좋은 책이 무엇인지 아는 것은 어려운 일이 아니기 때문이다.

아이가 책을 가까이하기 위해서는 부모가 먼저 자신의 마음을 열고 눈을 밝게 해야 한다. 재미의 함정에 빠져서 재미와 유익함을 모두 잃기보다 유익함에서 재미를 얻어내는 것을 고려해야 한다. 나는 그래서 아이와 고전 읽기를 두려워하지 않기로 했다. 나의 노력에도 불구하고 아이가 끝까지 싫어하는 책도 있었고, 처음에는 싫어하다가 좋아하게 된 책도 생겼다. 부모가 좋다고 여기는 책을 아이도 모두 좋아해야 하는 것은 아니다. 하지만 이미 좋다고 여겨지는 것들 중에서 자기가 좋아할만한 것을 찾도록 하는 것은 강요가 아니라 또 하나의 기회를 주는 일이기도 하다. 먼저 좋은 곳으로 데리고 가야 그 안에서 스스로 좋은 것을 발견할 수 있기 때문이다.

내 손으로 배운 것이
더 오래 남는다

편리해지면 더 행복해질까. 자기의 일을 남에게 미룰 수 있으면 만족감이 배가 될까. 이에 대한 물음에 자신 있게 답하기란 어렵다. 하지만 생활의 잡다한 일이 줄어들었다고 반드시 그만큼의 만족도가 생기지는 않는다. 그러나 요즘에는 어떻게 하면 보다 빠르고 더욱 재미있게 학습할 수 있느냐에 대한 관심이 높다. 책이나 연필 없이 단지 보고 누르기만 해도 즐겁게 배울 수 있는 기기들이 넘쳐난다. 하지만 배우고 익히는 과정 속에서 언제나 편안한 것이 마음에 깊이 새겨지는 것은 아니다. 다른 것은 몰라도 배움 안에는 불편함이나 번거로움이 필요하다. 배움이라는 것은 없는 것에다 있는 것을 더하는 까다로운 과정이기 때문이다.

손쉬운 학습도구가 늘어났지만 과연 아이들이 그만큼의 도움을 받을 수 있을까. 쉽게 전달되는 것은 빠르게 휘발되기 마련이다. 일방적으로 쏟아지는 지식을 받으면서 배움의 즐거움을 얻기란 어렵다. 외부에 있는 것을 내면으로 깊이 받아들이고 그것이 마음속에 젖어드는 시간이 있어야 하는 것이다. 배움에 정성을 다하고 편리함보다 불편함을 감수하는 것이 얼핏 아이들을 힘들게 하는 것 같지만 그것을 통해 얻은 지식이 아이들에게 오래 남는다. 그리고 정서에도 영향을 준다. 자신의 힘으로 해내서 얻어낸 것은 대수롭지 않은 지식이라도 남이 떠먹여주는 것에 비할 수 없는 만족감을 주기 때문이다. 아이들은 조금 불편하더라도 실제의 감정을 느끼며 배울 권리가 있다.

편리함의 함정

《장자》〈천지〉에는 편리함이 어떻게 마음에 작용하는지에 관해 생각해 볼만한 이야기가 나온다. 자공子貢이 초나라를 여행하고 진나라로 돌아오려고 한수 남쪽을 지나다가 한 노인이 마침 밭일을 하고 있는 것을 보았다. 그는 물 항아리를 가지고 직접 우물로 들어가서 물을 길어와 밭에 물을 주었다. 애를 쓰지만 들이

는 힘에 비해 성과는 보잘것없었다. 이에 자공은 도우려는 마음
이 들어 노인에게 방아두레박이라는 것을 소개한다. 뒷부분이 앞
부분보다 더 무겁도록 만들면 적은 수고로도 큰 효과를 본다는
것이다. 밭일을 하던 노인은 낯빛을 발끈 붉혔다가 곧 웃으면서
이렇게 말한다.

> 나는 내 스승에게 이런 말을 들었네. 교묘한 방법으로 작동되는
> 장치를 가진 자는 반드시 교묘한 수법으로 펼쳐지는 활동들을
> 하게 된다. 교묘한 수법으로 펼쳐지는 활동들을 하는 자는 반드
> 시 교묘한 수법으로 일을 진척시키려는 마음이 가슴속에 머물
> 면, 순수함과 소박함이 갖춰지지 않을 것이다. 순수함과 소박함
> 이 갖춰지지 않으면, 신묘한 힘이 자리 잡지 못할 것이다. 신묘한
> 힘이 자리 잡지 못한 자는 도道가 받쳐주지 않을 것이다.[10]

무언가를 편리하게 해주는 것들을 접하면 처음에는 편리해하
다가도 조금만 있으면 또 다른 불편함을 찾게 되는 것이 사람의
마음이다. 편한 것을 추구하면 할수록 마음은 본질과 점점 멀어
진다. 순수함이나 소박함은 사라지고 조금이라도 편하고자 하는
욕심만 생겨난다. 《회남자》에도 비슷한 주장이 있다. "꾸미는 마
음이 가슴속에 감추어져 있으면 순백한 것들이 순수하지 못하게

되고, 정신의 덕이 온전하지 못해 자신에게 있는 것도 알지 못하게 된다(機械之心藏于胸中 則純白不粹 神德不全 在身者不知, 기계지심장어흉중 즉순백불수 신덕부전 재신자부지)." 지나치게 편리한 방법을 추구하는 태도는 마음에 좋지 않은 영향을 주고 자기의 것을 오히려 잃게 만든다는 것이다. 지식을 손쉽게 얻으려는 태도보다 중요한 것은 자기 자신이다. 아이들이 자기 자신을 무엇보다 소중히 여기려면 자기의 노력으로 해내는 경험이 필요하다. 앞서 노인이 말한 '신묘한 힘'이란 편리한 기술에 의존하지 않고도 스스로 무언가를 해낼 수 있는 능력을 의미할 것이다. 그렇다면 우리 아이들 역시 디지털 기기보다 자신의 손을 사용하여 무언가 창조하는 활동을 한다면 어떨까. 우리는 아무리 사소한 것일지라도 자기의 손에 닿는 것에 더 애착을 가지게 된다. 말로 설명하기 힘들지만 그런 것들은 누구의 마음에라도 넓고 깊은 자국을 남긴다.

편리한 도구들이 넘쳐나는 세상에서 이전처럼 모든 것을 손으로 해야 한다고 주장하는 것은 아니다. 하지만 자라나는 아이들에게는 자기의 손이 닿는 실제의 감정을 느끼게 하는 것이 필요하다. 종이를 넘기는 소리와 손의 감촉, 펜을 잡고 자기의 글씨를 들여다보며 느끼는 감정들을 온전히 경험해야 한다. 손으로 쓴 글씨는 타이핑한 글씨보다 언제나 비뚤름하고, 손으로 만든 장난감은 만들어진 장난감보다 조악하다. 하지만 그것은 손쉬운 도구

를 사용할 때보다 아이 마음에 더 큰 순수함과 소박함을 자리하
게 한다. 그렇기 때문에 마음에 혼란스러움이나 불안함이 해소되
고 더 큰 만족을 주게 된다. 그래서 아이들에게는 보다 좋은 공부
법, 편리한 도구보다는 자기의 손에 쥐고 이루는 기쁨을 알게 해
주어야 한다. 처음에는 그 방법이 더욱 느리고 힘들게 느껴지지
만 손수 경험한 마음이 쌓이고 쌓여 아이의 성취가 된다. 아이에
게는 편리한 것보다 다소 불편한 것들이 더욱 유익하다.

정성을 다해 임하는 자체가 배움이다

명도선생이 글씨를 쓸 때에는 매우 정성스러웠다. 한번은 사람
들에게 "글씨를 정성스럽게 쓰는 것은 글씨를 잘 쓰려고 하는 것
이 아니라 바로 그것이 배우는 일이기 때문이다"라고 말했다.[11]

《이정전서》에 나오는 말이다. 많은 아이들이 정서적인 어려움
을 겪는다고 한다. 이럴 때일수록 마음의 안정이라는 것은 우선
편리함과 거리를 둘 때 이루어진다는 장자의 말을 새겨 들어야
한다. 아이들이 배움에서도 생활에서도 빠르고 쉬운 것을 접하다
보면 자신을 놓치게 된다. 그런 것들이 쌓이면 마음이 점점 더 혼

란스럽고 불안정해진다. 불안한 마음이 지속되면 작은 일에도 쉽게 상처를 받고 회복하기 어려운 지경에 놓이게 된다. 손쉬운 것들로 꾸미다보면 자기 자신이 할 수 있는 것을 잃게 된다는 것이다. 아이들은 쉽게 무기력해지고 자기에 대해 불확실함을 느끼면서 좌절한다. 애초에 자기가 할 수 있는 것이 없다는 것, 그런 경험을 해보지 못했던 것이 더욱 비탄을 가중시킨다.

유학자 정명도程明道는 글씨를 쓰는 정성이 곧 배움이라고 말했다. 배움은 어떤 것을 빨리 흡수하고 이해하는 데 급급한 것이 아니다. 글씨를 정성스럽게 쓰는 바로 그 행위가 배움이라고 한 것이다. 너도 나도 빨리 학습하도록 하는 지금의 모습과는 사뭇 다르다. 그러나 서툴지만 정성을 들이는 그 행위는 시대가 달라져도 변하지 않는다. 사람에 마음에 작용하는 힘은 이전이나 지금이나 다르지 않기 때문이다. 아이들에게 배움의 내용보다 먼저 강조해야 할 것은 글씨를 정성스럽게 쓰고 자기의 힘으로 해내는 그 과정이 곧 배움이라는 사실이다. 정명도는 유학의 대가로서 일가를 이룬 학자이다. 배움에 정성을 다하는 마음만 잃지 않고 정진하면 지식이 넓어지고 깊어지는 것은 저절로 따라오는 일임을 알았던 것이다.

정성이 있으면 보답이 온다

무릇 은미한 것이 드러나게 되니, 정성스러움을 가릴 수 없음이
이와 같구나! [12]

《중용》제11장의 문장이다. 은미함이란 귀신의 덕과 같은 것
이라고 했다. 이는 음양을 말하기도 하지만 효과나 효능을 말하
기도 한다. 정성을 다하면 어떤 방식으로든 그 효과가 드러날 것
이라는 말이다. 결국 나의 힘을 최대한으로 쓰는 정성이 있으면
반드시 보답이 온다는 것이다. 정성을 들이는 것은 지식을 얻는
데 도움을 주는 것뿐만 아니라 아이들의 마음에 안정감을 준다.
손으로 쓰는 행위 자체가 배움이라고 한다면 배우면서 얻는 것
이 없다고 자책하는 많은 아이들도 용기를 가질 수 있다. 자기의
손으로 글을 쓰고 그것이 쌓이는 것을 확인하는 일은 아이들에
게 별로 중요하지 않은 단순한 작업이 아니다. 자기도 할 수 있는
것이 있고, 자기가 온전히 통제해서 만들 수 있다는 것을 확인하
는 과정이다. 그것이 성적이나 구체적인 성취로 이어진다고 볼
수는 없지만 자기에 대한 신뢰나 확신이 생길 것은 분명하다. 그
것이 곧 '은미함'이라고 볼 수 있는 것이다. 직접 손으로 쓰는 행
위는 마음의 안정을 가져오고 온갖 번뇌를 조금은 잊어버리도록

도와준다. 그것은 요즘 아이들에게도 권할 수 있는 고전의 지혜이다. 아이들에게 불편한 것을 쥐어주고, 그것이 쌓여감을 스스로 볼 수 있도록 안내해주어야 한다. 그래야 아이들이 자신을 잃지 않고 굳건한 어른으로 성장할 수 있다.

○ ● ○

편리한 것을 얻기 쉬운 시대에 불편함이라는 것은 마음을 쓰지 않으면 오히려 쉽게 경험할 수 없다. 그러면 그럴수록 나는 아이에게 단순한 것들을 쥐어주고 스스로 해나가는 과정을 겪도록 해주고 싶다. 너도 나도 쉬운 공부기기들을 가지고 있을 때에도 그것보다는 종이나 펜을 가지고 어설프게 읽고 쓰는 과정을 응원하고 싶다. 조금 더 편리하기보다는 약간은 불편한 도구와 함께 자라며 내면의 풍부한 감정을 얻을 수 있었으면 좋겠다. 밖에서 얻는 손쉬운 것들보다 자기의 몸으로 얻은 소중한 것들을 마음속에 더욱 깊이 담았으면 좋겠다.

나는 글을 쓰는 정성이라는 것의 의미를 알게 되면서 배움에 대한 생각도 크게 변했다. 무엇을 어떻게 더 빨리 흡수하느냐가 아니라 배움을 대하는 태도가 배움을 얻는 기본이라는 것을 알게 되었다. 부모로서 아이의 배움을 지켜보면서 매일 변화를 감지하기 어렵지만 아무리 작은 노력에도 진심으로 칭찬할 수 있게 되었다. 정성을 들이는 반듯한 마음을 가졌을 때만큼은 사소하고 자잘한 것에 대해서도 마음껏 격려해 줄 수 있게 된 것이다.

나의 변화가 아이에게 전해지길 바란다. 자기가 마음을 다해 온몸으로 하는 모든 일들에 대해 의미를 부여하고 가치를 인정해 주는 환경에서 아이는 더욱 자기에 대한 믿음과 확신을 가지지 않을까. 아이가 어른이 되기 전까지는 아이에게 더 많은 실제의 감정들을 느끼게 해 주고 싶다. 매일을 채우는 실제의 감정들이 아이의 삶의 커다란 버팀목이 될 것이기 때문이다.

태산도 쪼개면
티끌이 된다

이루고 싶은 일은 어른이 되어서도 끊이지 않는다. 그러나 막연함과 두려움 때문에 선뜻 시작할 수 없다. 왜 누군가에게는 무엇을 이룰 수 있는 힘이 있고 또 다른 누군가에게는 그런 능력이 없는 것일까. 지능의 높고 낮음이나 의지가 굳건하거나 그렇지 않음이 성취를 가르는 기준이 되는 것일까. 그런데 이전의 역사를 보면 여전히 우리가 추앙하는 학자들 중에 그런 타고난 능력으로 단번에 일갈을 이룬 사람은 없다. 모두들 끊임없이 공부하고 게으름을 피하기 위해서 체계적으로 나름의 공부법을 만들었던 것이다. 또 무엇보다 계획 없이 공부를 이어나가는 사람도 없었다.

계획을 말하는 '획劃'이라는 한자는 그림畵을 칼刂로 자르는 형태이다. 칼이나 날카로운 물건으로 나누거나 쪼개는 것을 뜻한다. 원하는 목표는 한 덩어리처럼 보인다. 태산 앞에서는 그것을 오르는 일은 차치하고 바라보기만 해도 움츠려든다. 커다란 산 앞에서 한낱 인간이 어떻게 정복하려는 마음을 품을 수 있을까. 그저 멀리서 바라보며 동경하는 것으로 마음을 접고 마는 것이다. 그러나 제아무리 거대하다고 하더라도 쪼개고 나누면 해낼 수 있다. 이룰 수 없다고 생각했던 일도 계획의 도움을 받으면 이루어낼 수 있다. 물론 아무리 세분화된 계획도 실천하지 않으면 아무런 소용이 없지만 말이다.

구양수歐陽修는 소식과 함께 '당나라와 송나라의 뛰어난 여덟 명의 문장가唐宋八大家' 중의 한 사람이다. 북송 시기의 중요한 정치가, 역사학자이기도 하다. 그는 가난한 유생에서 당시에 인정받는 문단의 지도자가 될 정도로 명성을 얻었다. 그러나 여전히 사람들이 그를 기억하는 이유는 아름다운 시나 유명세 때문만이 아니라 늙어서도 잃지 않은 그의 특별한 독서 방법과 부지런함 때문이다. 구양수는 네 살 때 아버지를 여의고, 어머니의 손에서 자랐다. 가정 형편이 넉넉하지 않았기 때문에 종이와 먹, 붓 등 공부에 필요한 도구를 구입하는 것이 어려웠지만 그의 어머니는 아들의 교육을 포기할 수 없었다. 우연히 모래사장을 지나다가 어머니는 모래 위에 새와 짐승이 지나간 발자국을 보았다. 변변한 공부 도구도 사줄 수 없었던 어머니는 그것을 보고 크게 기뻐했다. 아들에게 드디어 글자를 가르칠 수 있게 되었기 때문이다. 어머니는 집에서 햇빛이 그나마 잘 드는 곳을 정해 땅을 파내고 그 위에 모래를 담았다. 어린 구양수를 교육시키기 위한 창의적인 방법이었다. 모래는 종이가 되었고, 갈대는 붓이 되어 그때부터 구양수는 한 자 한 자 글을 배우기 시작한 것이다.

조급함을 잠재우려면 계획부터 세워야 한다

어떤 일을 시작할 때는 반드시 계획을 세워서 시작한다.[13]

《소학》〈가언〉에 나오는 말이다. 어려서부터 배움을 좋아하고 성실했던 구양수도 어려운 책들을 제대로 이해하기는 쉽지 않았다. 그래서 알아야 한다고 생각하는 책을 골라 어떻게 나누고 쪼개서 공부를 해야 할지 고민하기 시작했다. 우선 반드시 읽어야 한다고 생각했던 《효경》, 《논어》, 《시경》과 같은 고전 열 권을 선정했다. 요즘에는 일 년에 몇 백 권씩 섭렵하는 방법을 다독이라고 하지만 그 당시의 다독이라 함은 한 권의 책을 여러 번 읽는 것이었다. 구양수는 읽어야 하는 이 책들이 아마도 태산같이 느껴졌을 것이다. 그래서 그는 열 권의 책들에 담겨 있는 한자의 수를 세어보았다. 그 글자가 무려 사십오만 오천팔백육십오 개였다고 한다. 그것을 매일 삼백 자씩만 읽으면 삼 년 반의 시간 동안 모두 읽을 수 있다는 것을 알았다. 삼백 자는 긴 분량은 아니지만 하루도 빼놓지 않는 데에는 대단한 의지가 필요했을 것이다. 그렇게 삼 년 반의 시간 동안 처음부터 끝까지 한 번을 읽고 나서 외우기 시작했다. 매일 읽었던 삼백 자를 반으로 쪼개서 백오십 개의 한자만 외우면 정확히 칠 년의 시간이 걸린다. 매일 해야 하는 양이 그리 많지 않았지만 십 년 하고도 육 개월이 꼬박 걸리는 대장정이다. 이 읽기 방법을 구양수의 '기자일독記字日讀'이라고 한다.

우리는 대개 쉬운 책부터 읽기 시작해서 그것이 쌓여야 어려운 책을 읽을 수 있다고 생각하지만 이전에 글을 읽었던 사람들에게는 쉬운 책이랄 것이 많지 않았다. 아이들을 위한 책은 몇 권 되지 않았다. 그래서 기초적인 읽기 훈련이 끝나면 바로 어른들이 읽는 책으로 넘어가는 것이다. 구양수가 읽어냈던 책이 지금의 아이들에게 어려운 것처럼 구양수에게도 특별히 쉽게 느껴지지 않았을 것이다. 누구에게나 어려운 책이기 때문에 그렇게 세분화시켜 체계적으로 접근해서 읽으려고 했던 것이다.

주희朱熹는 독서에 '삼도三到'라는 것이 있다고 했다. 마음이 가는 '심도心到', 눈이 가는 '안도眼到'와 입이 가는 '구도口到'이다. 그 중에서 마음이 다다르는 것이 가장 중요하다고 했다. 마음이 갔는데 어떻게 눈과 입이 따르지 않겠느냐는 것이다. 독서를 하는 방법은 따로 있지 않다. 그저 책을 읽으면 되는 것이다. 단지 어려울 뿐이다. 마음에 조급함이 생겨나서 언제쯤 다 읽을지, 얼마나 이해할 수 있을지 생각하는 데 급급해서 좀처럼 마음을 다잡을 수가 없다. 불안함과 조급함이 심해지면 독서를 쉽게 포기하게 된다. 이런 조급한 마음을 잠재우고, 마음이 따르는 독서를 하려면 계획을 세우는 일이 필요하다.

아이에게 책을 쥐어주면 부모인 나는 마음속으로 아이가 빨리 읽어냈으면 좋겠고 또 다음 단계의 책으로 넘어가면 좋겠다는 욕심이 든다. 나뿐만이 아니라 아이도 그럴 것이다. 비단 독서만이 아니라 모든 것에 대해서도 다 이렇게 마음이 흔들린다. 구양수가 계획을 세운 이유는 그러한 조급한 마음을 가지고는 십 년이 지나도 제대로 한 권도 읽을 수 없다는 것을 알아서였을 것이다. 어른들에게도 이러한 조급증이 있는데 아이들에게 차분하게 매일 책을 읽을 수 있기를 기대할 수는 없다. 그래서 책을 읽을 때는 아이와 상의해서 조금씩 매일 읽는 방법에 대해서 이야기를 나누는 것이 도움이 된다. 언제 시작했는지 날짜도 쓰고 언제쯤 끝날지 가늠해보면서 매일 할 일을 작게 쪼개는 것이다. 한 번 성취하는 것은 어렵지만 그것이 자꾸 이어지면 아이도 나름대로 책을 대하는 마음가짐을 알 수 있게 될 것이다.

때와 장소에 따라 다양하게 읽는다

평생 오직 독서를 좋아하여, 앉아서는 경서와 사서를 읽고, 누워서는 소설을 읽으며, 화장실에서는 작은 사전을 보니, 잠시도 책을 내려놓은 적이 없었다.[14]

구양수는 십 년이 넘는 공부를 끝내고도 여전히 책을 손에서 놓지 않았다. 구양수는 자신의 책 《귀전록》에서 책에 접근하는 다양한 방법에 대해서도 이야기하고 있다. 바른 자세로 집중해서 읽어야 하는 책도 있고, 가볍게 읽을 수 있는 책도 있다. 언제나 무거운 책만 읽으면 지쳐서 나가떨어지고 언제나 쉬운 책만 읽으면 크게 얻을 수 있는 것이 없다. 그래서 구양수는 앉아서는 경서와 사서를 공부하고, 누워서 편안하게 소설을 읽고 화장실에서는 작은 사전을 보았다고 한다. 시간만 나누고 쪼개는 것만이 아니라 장소를 바꿔가면서도 서로 다른 책을 읽었던 것이다. 어려운 책을 공부하면서 얻었던 피로감을 소설을 읽으면서 해소했고, 또 화장실에서는 사전을 읽으면서 배움을 이어갈 수 있었던 것이다. 말 그대로 수불석권手不釋卷의 정신이다.

누군가는 아이들이 좋아하는 책만 읽히면 된다고 하고, 또 누군가는 반드시 고전을 읽히도록 해야 한다고 말한다. 나는 이 두 가지 방법이 반드시 함께 가야 한다고 생각한다. 아이들에게 자유롭게 선택한 책을 읽어야 할 권리도 존중하되, 부모로서 아이에게 좋은 글을 선정해서 읽히는 노력도 해야 하는 것이다. 아이들은 아직 좋은 책을 찾을 수 있는 눈이 없다. 양질의 책을 읽도록 지도하는 일이야말로 부모가 꼭 가져야 할 자세이다. 구양수의 방법대로라면 반드시 읽어야 할 책을 읽고 나면 조금 더 자유롭게 자기가 고른 책을 읽을 수 있다. 반드시 아이의 뜻에 따르거나, 혹은 오로지 부모의 의지로 독서를 이끌어야 하는 것이 아니다. 구양수는 그 두 가지 방법을 함께 적용할 수 있다는 것을 알려준다. 어려운 고전은 매일 긴 시간 동안 읽을 수 없기 때문에 조금씩 꾸준히 읽는 것이 중요하다. 그리고 독서 후 남은 더 긴 시간은 아이가 자신이 원하는 것을 할 수 있도록 시간을 주자. 아이들에게는 자유로운 시간도 필요하기 때문이다.

매일 조금씩 쌓아가는 것이 중요하다

책이 아무리 많다한들 매일 조금씩 쌓는 노력을 한다면 도달하지 못할까 걱정할 것이 있겠는가.[15]

《문중자》〈자연〉에 나오는 글이다. 어느 날 손신지孫莘志라는 사람이 구양수에게 글을 잘 쓰는 법을 물었다. 구양수는 일반적인 사람들의 문제는 글을 많이 쓰지 않고, 책 읽는 것에도 게으르면서도 한 번이라도 글을 쓰면 당장에 다른 사람보다 우월하길 원한다는 점이라고 말했다. 이렇게 하면 당연히 성공하기 어렵다는 것이다. 자신은 부지런히 읽는 다독多讀, 글을 많이 연습하는 다작多作, 친구들과 토론하는 다상량多商量에 충실했다는 것이다. 이 세 가지를 많이 하는 것 말고는 다른 방법이 없다고 이야기한다. 또한 자기가 평생 쓴 글들은 대부분 말 위馬上, 베개 위枕上, 화장실廁上 위에서 나왔다고 말한다. 그의 아름다운 시들은 어떤 편안하고 특별한 장소에서 나온 것이 아니었다. 일상에서 틈이 날 때 조금씩 쓰다보면 문장이 저절로 쌓이게 된다는 것이다.

읽는 것만이 아니라 쓰는 것도 나누고 쪼개서 해낼 수 있었던 것이다. 구양수는 쓰는 시간은 읽는 시간보다 더 많이 할애할 수 없고 또 많은 시간이 있다고 해서 더 많이 그리고 더 잘 써지는 것이 아니라고 생각했다. 많은 시간은 읽고 구상하는 데 사용하고 짧은 시간 안에 글을 쓰기로 정한 것이다. 이렇듯 글쓰기에도 계획이 있었다. 우리는 글을 많이 읽은 후에 어느 정도 수준이 되면 글을 쓸 수 있을 거라고 생각하지만 구양수는 찰나의 시간을 아껴서 읽기와 쓰기를 병행한 것이다.

아이들의 글쓰기에 대해서 고민하지 않는 부모는 별로 없다. 글쓰기는 공부나 성적을 위해서만이 아니라 마음을 꺼내는 훈련이기 때문에 중요하다. 자신의 마음을 글로 표현할 줄 아는 아이는 자신의 마음을 다독일 줄 알고 지킬 수 있다. 그래서 글쓰기는 아이들에게 반드시 필요한 활동이다. 어떻게 하면 잘 쓰게 할지 고민하는 것보다 어떻게 하면 매일 쓰도록 할지 생각해보는 것이 먼저이다. 구양수는 일부로 시간을 내서 글을 쓴 것이 아니라 자투리 시간을 활용했다. 시간을 내서 집중적으로 글을 쓰는 것보다 매일 한 문장이라도 쓰는 것이 글을 잘 쓰는 비결이라는 점을 알 수 있다. 글을 정식으로 쓰려고 하면 어른이라도 쉽게 펜을 잡기가 어렵다. 그러나 아무리 글쓰기를 싫어하는 아이라고 하더라도 매일 한 문장 정도는 쓸 수 있다. 하루의 일과를 쓰든, 감사한 일을 쓰든, 좋아하는 친구에 대해서 쓰든, 요리하는 방법을 쓰든 어떤 글이라도 한 문장을 못 쓰기는 어렵다. 그것의 의미를 아는 부모의 노력만 있으면 어떤 아이라도 자신만의 이야기를 쌓아갈 수 있는 것이다.

○ ● ○

티끌을 모으면 태산이 되는 것처럼 태산을 쪼개면 티끌이 된다. 작은 것을 해내다보면 언젠가는 거대해 보였던 것을 정복해내는 기쁨을 맛보게 된다. 아이들은 무엇을 하고 싶은 마음은 있어도 어떻게 해야 할지 모른다. 책을 읽거나 악기를 연주하거나 하는 모든 활동들은 어떻게 시간을 쪼개서 이어나가느냐에 따라 성취가 갈린다. 무엇을 하고자 하는지에 상관없이 뭐든지 계획을 세우는 것부터 시작해야 하는 것이다.

나는 그래서 언제나 아이가 원하는 것보다 조금 더 적은 양을 쪼개서 매일 할 수 있도록 이끌어야 한다고 생각한다. 내 마음속에 순간순간 올라오는 욕심을 버리지 못하면 아이를 어느 한 곳으로도 도달하지 못하게 만든다는 것을 알기 때문이다. 이것은 아이만이 아니라 나의 공부에 대한 다짐이기도 하지만 말이다. 빠른 시일 내에 무엇을 이루려고 하는 마음을 거두고, 오늘의 실천에만 무게를 두는 부모가 되어야겠다. 그리고 무엇보다 계획의 의미를 알려줌에 있어서 말보다는 실천하는 가운데 저절로 느끼도록 하고 싶다. 쪼개고 나누다보면 태산도 정복할 수 있다는 이치는 말이 아니라 행동으로 이해할 수 있는 일이기 때문이다. 그리고 작은 것이라도 나누어서 해내다 보면 언젠가는 더 거대해 보이는 것에도 도전하는 담대한 용기를 가지리라 믿는다. 그때를 위해 시시하고 미미해 보이는 계획이라도 소중한 마음으로 아이와 함께 지켜나가야겠다.

역사를 배우면
미래가 보인다

지나간 일은 앞으로 가는 길을 밝혀주는 지침이 된다. 흐르는 시간 안에서 수없이 많은 사람이 나타났다가 사라진다. 한 사람의 인생은 그 오랜 시간에 비하면 찰나이지만 그것들이 기록되고 축적되며 영원으로 남는다. 그것이 바로 역사이다. 많은 사람은 한번 흘러간 물에 다시 들어갈 수 없다며 시간의 무상함을 말하지만 그럼에도 글로써 남겨져 있는 역사라는 것은 무상함과는 무관해 보인다. 왜냐하면 그 순간을 잡아 남겨두었고, 또 앞으로도 길이 남을 것이기 때문이다.

역사를 안다는 것은 사람을 안다는 것을 말한다. 가족과 어떻게 지냈는지, 친구를 어떻게 사귀었는지, 어려움 속에서 어떻게 용기를 내었는지 알 수 있다. 낙담할 만한 일을 만나기도 하고, 애를 태우는 고민을 이끌고 산다는 점에서 과거의 사람과 지금을 살아가는 사람들은 다르지 않다. 그리고 많은 사람을 안다는 것은 결국 자기 자신을 아는 것으로 이어진다. 다른 이들의 삶을 자신의 삶과 견주어 보고 비추어 볼 수 있기 때문이다. 삶에 전환점이 되는 거대한 일만이 아니라 삶을 대하는 소소한 갈림길에서도 언제나 역사를 끌어들여 헤아려볼 수 있다. 이처럼 역사는 지식으로만 남지 않는다. 지식이 지혜가 되는 때에 바로 역사를 배워야 하는 이유를 진정으로 알게 되는 것이다.

역사는 앞날의 화를 피하게 해준다

많은 사람이 어떻게 성공하고 실패하였는지, 무엇을 사랑하고 무엇을 미워하였는지 독서를 통해서 알 수 있다는 것은 새삼 다시 말할 필요가 없다.[16]

《안씨가훈》〈면학〉의 문장이다. 독서를 말할 때 한자 '서書'는 모든 책을 일컫는 말이지만 예전에는 '역사史'라는 뜻도 가지고 있었다.《서경書經》은 요임금부터 주나라의 역사이고,《한서漢書》는 한나라의 역사, 《당서唐書》는 당나라의 역사를 말한다. 위에서 말하고 있는 책은 많은 사람의 모습의 성공과 실패를 비춘다는 점에서 역사책에 더욱 가깝다고 할 수 있다. 역사를 배우면 어떤 이들은 한치 앞을 보지 못해 어리석은 길로 들어섰고 또 다른 사람은 사방이 막혀 있는 어려움 속에서도 지혜를 발휘해서 훌륭한 삶을 살아내었음을 알 수 있다. 우리는 대개 어떤 사람의 한 면만 보면서 그의 삶을 부러워한다. 또는 누군가의 작은 실수에 대해 손가락질하곤 한다. 하지만 역사는 한 사람의 순간이 아니라 삶 전체를 보여준다. 한 사람의 인생 안에서도 성공과 좌절이 있다. 인생의 면면을 볼 수 있는 것이다. 그래서 안지추는 독서야말로 하늘, 땅, 귀신들도 가리거나 숨겨두지 못하는 비밀을 알게 해준다고 말했다.

전국시대 위魏나라에 범저範雎라는 사람이 있었다. 진나라의 소왕昭王을 도와 진나라 통일의 기반을 만들어낸 인물이다. 그는 위나라에서 의심을 받고 매질을 당해 이가 나가고 갈비뼈가 부러지는 수모를 당했다. 아무래도 죽임을 당할 것 같아 죽은 척을 하자 사람들이 그를 변소에 내버려두었는데, 술을 마시고 놀던 신하들이 그의 몸에 소변을 보기까지 했다. 수치스러운 것은 말할 것도 없고 목숨이 위태로웠다. 범저는 이런 고역을 겪어내고 가까스로 위나라를 빠져나와 진나라로 도망쳤다. 진나라는 당시에

외척과 형제들의 위세가 군주를 가리고 있었다. 범저가 이를 해결할 방법을 아뢰자 소왕은 기뻐하며 그를 재상의 자리에 앉혔다. 재상이 된 범저는 위나라에서 수모를 겪었던 일이 아마 주마등처럼 스쳤을 것이다. 범저는 이 일을 잊지 않았다. 그는 위나라에서 자신을 모함했던 자가 사신으로 왔을 때 술과 고기를 후하게 대접한 다른 나라의 사신과 달리 위나라 사신만 얼굴에 먹을 칠한 사람들 사이에 앉혀 말먹이를 식사로 내주었다. 본래 위나라는 진나라에 비해 약소국이었으니 부당한 처우에도 꼼짝없이 굴욕을 당할 수밖에 없었다.

그런데 범저에게 위기가 찾아온다. 그를 진나라의 재상으로 만들어주었던 측근들이 내란을 일으키니, 소왕 앞에서 도저히 낯을 세울 수 없었던 것이다. 이때 범저에게 채택蔡澤이라는 사람이 찾아온다. 채택은 '해가 중천에 오르면 기울고, 달이 차면 이지러진다(日中則移 月滿則虧, 일중즉이 월만즉휴)라고 말하며 범저를 앉혀놓고 지난 고사들을 하나하나 들먹였다. 범저에게 이제는 자리를 떠나 몸을 보전해야 할 때라고 설득했던 것이다. 범저보다 더 큰 공을 세웠고 소왕보다 어진 임금 밑에 있었음에도 떠나야 할 때 떠나지 못해서 화를 당한 사례는 많다. 범저는 이 고사들을 듣고 높은 자리에서 스스로 내려오기로 결정한다. 이미 알고 있는 역사적 지식이 삶의 지혜가 되는 순간이다. 그래서 그는 화를 피해 어려움 없이 여생을 마감할 수 있었다.

과거를 거울삼아 미래를 그린다

물을 거울로 삼는 자는 얼굴을 볼 수 있고, 사람을 거울로 삼는
자는 길흉을 알 수 있다.[17]

《사기》〈범저채택열전〉에는 역사의 중요성을 보여주는 말이
있다. 역사 안에는 우리 삶에 비추어 볼 수 있는 무궁무진한 지혜
가 가득하다. 채택은 역사에서 만났던 사람들을 자신의 거울로
삼으면 세상을 살아가는 법을 알 수 있다고 말한다. 물을 거울을
삼아야 얼굴을 볼 수 있듯이, 사람들의 다종다양한 삶을 알면 알
수록 나쁜 일을 피하고 좋은 길로 들어설 수 있다는 것이다. 물론
나를 포함해서 아이들의 삶이 역사에 길이 남을 정도로 그렇게
극적이기를 바라지는 않는다. 하지만 누구에게나 나름의 어려움
은 찾아올 것이다. 그럴 때마다 역사 안에서 자기가 나아가야 할
길을 찾아낼 수 있다면 어떨까? 삶의 여정에서 문제를 해결할 방
법을 찾아보고 스스로를 비추어 볼 수 있는 거울이 있다는 사실
은 언제나 안심이 되는 일이다.

그렇다면 이러한 역사를 어떻게 하면 체계적으로 배울 수 있을까. 소식蘇軾은 소동파蘇東坡로 알려져 있는 북송北宋 시대의 시인이자 문장가, 학자, 정치가이다. 소식의 독서 방법은 한 가지의 질문만을 가지고 책을 읽는 방법이라고 해서 '일의구지법一意求之法'이라고 불린다. 역사서 안에는 여러 갈래의 자료가 담겨 있기 때문에 그것을 한꺼번에 소화해낸다는 것은 버거운 일이다. 그래서 한 가지로 집중해서 그 부분만 철저하게 이해하고 그렇지 않은 부분은 넘어가는 것이다. 이렇게 여러 번 읽다보면 결국 여러 가지 방면에서 질문이 들어와도 능숙하게 대처할 수 있다. 그는 자신의 조카사위 '왕상王庠에게 보내는 편지又答王庠書'에서 이 방법을 설명하고 있다.

"책의 내용이 바다에 들어가는 것처럼 풍부하여 모든 것이 다 있다. 그러나 사람의 정력은 한정되어 있어 모두를 받을 수 없고, 단지 자신이 원하는 것을 얻을 수 있을 뿐이다. 그러므로 학자는 매번 한 가지 주제에 집중해서 답을 찾아야 한다. 예를 들어, 고금의 흥망성쇠나 성현들의 모습을 알고자 한다면, 이 주제에만 집중하고 다른 생각을 하지 말아야 한다. 만일 사적, 고사, 전장, 문물 등을 알고자 한다면, 역시 같은 방법으로 해야 한다. 다른 것도 이와 마찬가지이다. 이 방법은 비록 둔하게 보일지라도, 훗날 학문을 성취하면 여러 방면에 통달하게 되니 넓게 읽고도 깊이 연구하지 않는 사람과는 비교할 수 없을 것이다."

소식은 《한서》를 세 단계로 읽었다고 한다. 《한서》는 이백 년 간의 한나라의 역사를 팔십만 자로 서술한 방대한 역사서이다. 첫 번째로 세세한 사실들은 접어두고 우선 처세에만 집중해서 읽어나가기 시작했다. 긴긴 역사를 머릿속에 모두 담을 수는 없다. 사건과 대처로 내용을 좁히고 삶에 끌어들일 수 있는 일들을 찾아낸 것이다. 채택이 역사를 통해서 범저에게 앞으로 어떻게 살아야 할지에 대해 조언할 수 있었던 것처럼 말이다. 무엇보다 처세가 읽기에 가장 쉬운 것도 또 하나의 이유였을 것이다.

두 번째로 읽을 때에는 용병에 대해서만 읽었다고 한다. 다른 부분은 대강 읽고 병법에 대한 부분만 자세하게 읽어나가기 시작한 것이다. 한 가지 목적으로 파고드는 것은 《한서》라는 방대한 역사서를 몇 번이고 읽을 수 있는 힘을 주는 일이다. 너무나 방대한 역사를 모두 이해하려고 하면 조급해지고, 그러다 보면 아예 배우는 것을 포기하는 데에 이르게 된다. 아이들에게도 마찬가지로 한 가지에 집중하게 해서 역사에 접근하도록 하는 방법을 제시해줄 수 있다. 왕에 대한 이야기, 경제활동의 변천, 영토의 크기라든지 흥미를 가질 수 있는 내용만 이해하려는 목적을 가지고 접근하는 것이다.

《한서》를 읽을 때 가장 어려운 점은 인물의 이름이나 관직이다. 이것은 어떤 역사서를 접근하더라도 가장 큰 장벽으로 느껴진다. 생소한 이름이나 관직은 역사를 접근할 때 가장 큰 장애물이다. 그래서 소식은 자기의 관심 분야를 모두 마음속에 간직하고 나서 비로소 인물과 관직에 대해서 상세하게 공부했다. 역사서라면 가장 처음 등장하는 인물소개를 가장 나중에 배우기로 한 것이다. 역사에 등장하는 수많은 인물들을 처음부터 이해하면서 읽어나가기는 쉽지 않다. 앞서서 읽어냈던 처세와 용병의 문제가 익숙해진 상태라면 이제는 인물의 이름을 어느 정도 연결시킬 수 있고 그에 따른 관직까지 외울 수 있게 되는 것이다.

분산하여 하나씩 공략한다

그러므로 적을 드러나게 하고 아군을 드러나지 않게 하는 것은 아군은 집중하되 적은 분산되도록 하기 위함이다.[18]

《손자병법》〈허실〉에 나오는 말이다. 손자는 아군은 집중하고 적은 분산되도록 하면 아군은 하나가 되고 적군은 열로 나뉘게 되어 적은 도저히 아군을 맞아 이길 수 없게 된다고 말한다. 아무리 강력한 적이라도 분산되면 쉽게 공략할 수 있다는 것이다. 역사서가 다루는 이야기는 방대하기 때문에 대체로 읽는 사람에게 있어서 중과부적衆寡不敵이다. 그러나 이것을 분산해서 대항하는 것은 마치 하나의 군사전략과 같다. 아무리 무공이 세더라도 적이 누구인지 분명히 알아야 제대로 싸울 수 있다. 소식과 같은 대학자도 역사책 앞에서는 이러한 전략이 필요했다.

역사서는 수많은 색채와 다양한 면모로 채워져 있다. 그래서 한 가지 주제를 정하고 그것만 읽기로 마음먹는 것은 책은 제대로 이해할 수 있는 효과적인 방법이다. 가벼운 마음으로 역사서에 다가가야 자주 접근할 수 있다. 방대한 책의 내용에 친근감을 느끼며 어려웠던 내용이 어느 날 쉬워지고 지식을 얻게 되는 독서의 쾌감도 알게 될 것이다. 우리는 대개 아이의 수준에 맞는 책을 고르는 것을 우선으로 삼아야 한다고 생각한다. 하지만 수준에 맞는 책을 고르는 것을 넘어 아이의 독서 능력에 따른 전략을 세워서 책에 접근하는 노력이 필요하다. 아이들이 반드시 읽어야하는 역사서를 언제까지나 만화로만 접할 수는 없는 노릇이기 때문이다.

○ ● ○

삶은 언제라도 완성되는 법이 없다. 아이의 인생도 어떻게 펼쳐질지 알 수 없다. 내가 먼저 지나온 길이니 조금이라도 잘사는 법을 알려주고 세상을 즐길 수 있는 다양한 관점을 제시하고 싶지만 부모의 입에서 나오는 조언은 쉽게 잔소리가 된다. 잔소리가 많아지면 아이와의 거리는 더욱더 멀어진다.

역사에서 얻을 수 있는 지혜는 지식과 달리 살아가는 방식을 제시한다. 역사를 깊이 이해하면 이해할수록 일방적인 조언이 아니라 함께 같은 것을 고민해볼 수 있는 계기가 생긴다. 과거 사람들의 인생을 공유하면서 오늘날 우리가 처한 어려움도 꺼내볼 수 있는 것이다. 그러면 그것은 더 이상 잔소리가 아니라 진솔한 대화가 된다. 어렸을 때는 역사를 통해 단순한 지식을 쌓는다고 느낄 수도 있다. 그러나 경험이 쌓이고 생각이 깊어지면 동떨어져 있었던 과거의 사실들이 오늘날 자신의 삶에 깊숙이 들어오는 것을 느낄 것이다. 역사는 남을 배울 수 있고 더 나아가 자신을 깨달을 수 있는 도구이다. 우리는 역사를 통해 자신을 알 수 있을 뿐 아니라 다른 사람을 이해할 수 있는 지혜를 얻는다. 우리가 역사를 배워야 하는 까닭이다.

1장   기본이 단단한 아이가 자신의 인생을 지킨다

성性_인성은 평범하지만 강력한 아이를 만든다

1   醲肥辛甘非眞味 眞味只是淡 神奇卓異非至人 至人只是常
농비신감비진미 진미지시담 신기탁이비지인 지인지시상
−《채근담(菜根譚)》

2   夫翬翟俱色 而翾翥百步 肌豐而力沈也 鷹隼乏采 而翰飛戾天 骨勁而氣
猛也
기풍이력심야 응준핍채 이한비려천 골경이기맹야
−《문심조룡(文心雕龍)》〈풍골(風骨)〉

3   人性 如水 水一傾則不可復 性一縱則不可反 制水者 必以堤防 制性者 必
以禮法
인성 여수 수일경즉불가복 성일종즉불가반 제수자 필이제방 제성자
필이예법
−《명심보감(明心寶鑑)》〈계성(戒性)〉

인忍_마음을 다스릴 줄 아는 아이가 성장한다

4   喜怒哀樂之未發 謂之中 發而皆中節 謂之和 中也者 天下之大本也 和也
者 天下之達道也
희노애락지미발 위지중 발이개중절 위지화 중야자 천하지대본야 화야
자 천하지달도야
−《중용(中庸)》 제1장

5 懲忿 如救火 窒慾 如防水
징분 여구화 질욕 여방수
-《근사록(近思錄)》

6 百行之本 忍之爲上
백행지본 인지위상
-《명심보감》〈계성〉

예(禮)_예의는 아이를 빛내주는 옷이다

7 文猶質也 質猶文也 虎豹之鞹猶犬羊之鞹
문유질야 질유문야 호표지곽유견양지곽
-《논어(論語)》〈안연(顔淵)〉

8 禮義之始 在於正容體 齊顔色 順辭令
예의지시 재어정용체 제안색 순사령
-《예기(禮記)》〈관의(冠義)〉

9 在天者莫明於日月 在地者莫明於水火 在物者莫明於珠玉 在人者莫明於
禮儀
재천자막명어일월 재지자막명어수화 재물자막명어주옥 재인자막명어
예의
-《순자(荀子)》〈천론(天論)〉

절(節)_절도 있는 생활이 삶의 태도가 된다

10 凡內外 鷄初鳴 咸盥漱 衣服 斂枕簟 灑掃室堂及庭 布席 各從其事
범내외 계초명 함관수 의복 렴침점 쇄소실당급정 포석 각종기사
-《예기》〈내칙(內則)〉

11 子夏之門人小子 當洒掃應對進退 則可矣 抑末也 本之則無 如之何
자하지문인소자 당쇄소응대진퇴 칙가의 억말야 본지즉무 여지하,

言游過矣 君子之道 孰先傳焉 孰後倦焉 譬諸草木 區以別矣 君子之道 焉
可誣也 有始有卒者 其惟聖人乎
언유과의 군자지도 숙선전언 숙후권언 비저초목 구이별의 군자지도
언가무야 유시유졸자 기유성인호
―《논어》〈자장(子張)〉

12 朽木不可雕也 糞土之牆不可朽也 於予與何誅
후목불가조야 분토지장불가오야 어여여하주
―《논어》〈공야장(公冶長)〉

13 觀朝夕之早晏 可以卜人家之興替
관조석지조안 가이복 인가지흥체
―《명심보감》〈치가(治家)〉

소素_평소를 즐기는 아이가 자신의 삶을 사랑한다

14 素也者 五色之質也
소야자 오색지질야
―《관자》〈수지(水地)〉

15 瞻彼闋者 虛室生白 吉祥止止 夫且不止 是之謂坐馳也
첨피결자 허실생백 길상지지 부차부지 시지위좌치야
―《장자(莊子)》〈인간세(人間世)〉

16 三十輻共一轂 當其無 有車之用 埏埴以爲器 當其無 有器之用 鑿戶牖以
爲室 當其無 有室之用 故有之以爲利 無之以爲用
삼십폭공일곡 당기무 유거지용 연식이위기 당기무 유기지용 착호유이
위실 당기무 유실지용 고유지이위리 무지이위용

- 《도덕경(道德經)》 제11장

경敬_배우려는 마음이 있어야 가르침을 받는다

17　先生施教 弟子是則 溫恭自虛 所受是極
　　　선생시교 제자시즉 온공자허 소수시극
　　　-《관자(管子)》〈제자직(弟子職)〉

18　良嘗閒從容步游下邳圯上 有一老父 衣褐 至良所 直墮其履圯下 顧謂良曰
　　　孺子 下取履
　　　량상한종용부유하비읍상 유일로부 의갈 지량소 직타기리이하 고위량
　　　왈 유자 하취리

　　　良鄂然 欲毆之 爲其老 彊忍 下取履 父曰 履我
　　　량악연 욕구지 위기로 강인 하취리 부왈 리아

　　　良業爲取履 因長跪履之 父以足受 笑而去 良殊大驚 隨目之
　　　량업위취리 인장궤리지 부이족수 소이거 량수다경 수목지

　　　父去里所 復還 曰 孺子可敎矣 後五日平明 與我會此 良因怪之 跪曰 諾
　　　부거리소 복환 왈 유자가교의 후오일평명 여아회차 량인괴지 궤왈 낙

　　　五日平明 良往 父已先在 怒曰 與老人期 後 何也?
　　　오일평명 량왕 부이선재 노왈 여로인기 후 하야

　　　去 曰 後五日早會 五日雞鳴 良往
　　　거 왈 후오일조회 오일계명 량왕

　　　父又先在 復怒曰 後 何也? 去 曰 後五日復早來
　　　부우선재 복노왈 후 하야 거 왈 후오일복조래

248

五日 良夜未半往 有頃 父亦來 喜曰 當如是
오일 량야미반왕 유경 부역래 희왈 당여시

出一編書 曰 讀此則為王者師矣 後十年興 十三年孺子見我濟北 穀城山下
黃石即我矣
출일편서 왈 독차즉위왕자사의 후십년흥 십삼년유자견아제북 곡성산
하황석즉아의

遂去 無他言 不復見 旦日視其書 乃太公兵法也 良因異之 常習誦讀之
수거 무타언 불복견 단일시기서 내태공병법야 량인이지 상습송독지
-《사기(史記)》〈유후세가(留侯世家)〉

19 日月 雖明 不照覆盆之下
일월 수명 불조복분지하
-《명심보감》〈성심하(省心下)〉

20 學莫便乎近其人 學之經 莫速乎好其人 隆禮次之
학막편호근기인 학지경 막속호호기인 융예차지
-《순자》〈권학(勸學)〉

2장 부모의 내공이 아이의 길을 만든다

칙則_원칙 있는 부모의 아이는 흔들리지 않는다

1 人莫鑑於流水 而鑑於止水 唯止水能止眾止
인막감어유수 이감어지수 유지수능지종지
-《장자》〈덕충부(德充符)〉

2 孟子之小也 既學而歸 孟母方績 問曰
맹자지소야 기학이귀 맹모방적 문왈

學何所至矣 孟子曰 自若也
학하소지의 맹자왈 자약야

孟母 以刀 斷其織 孟子 懼而問其故 孟母曰
맹모 이도 단기직 맹자 구이문기고 맹모왈

子之發學 若吾斷斯織也
자지폐학 약오단사직야
-《열녀전(烈女傳)》'맹모단기(孟母斷機)'

3　幼子 常視毋誑 立必正方 不傾聽
유자 상시무광 입필정방 불경청
-《예기(禮記)》〈곡례(曲禮)〉

4　夫新砥礪殺矢 彀弩而射 雖冥而妄發 其端未嘗不中秋毫也 然而莫能復其
處 不可謂善射 無常儀的也
부신지려살시 구노이사 수명이망발 기단미상부중추호야 연이막능복
기처 불가위선사 무상의적야
-《한비자(韓非子)》〈외저설 좌상(外儲說 左上)〉

연(然)_부모는 아이의 가장 중요한 환경이다

5　響不肆應而影不一設 呼叫仿佛 默然自得
향불사응이영불일설 호규방불 묵연자득
-《회남자(淮南子)》〈원도훈(原道訓)〉

6　嬰聞之橘生淮南則爲橘 生于淮北爲枳 葉徒相似 其實味不同 所以然者何
水土異也
영문지 귤생회남즉위귤 생우회북위지 엽도상사 기실미부동 소이연자
하 수토이야
-《안자춘추(晏子春秋)》〈잡하지육(雜下之六)〉

7 弗躬弗親 庶民弗信

불궁불친 서민불신

-《시경(詩經)》〈절남산지습·절피남산(節南山之什·節彼南山)〉

8 鳲鳩在桑 其子七兮 淑人君子 其儀一兮 其儀一兮 心如結系

시구재상 기자칠혜 숙인군자 기의일혜 기의일혜 심여결혜

-《시경》〈조풍시구(曹風·鳲鳩)〉

강剛_아름다운 진주는 상처를 두려워하지 않는다

9 夫有以噎死者 欲禁天下之食 悖 有以乘舟死者 欲禁天下之船 悖 有以用
兵喪其國者 欲偃天下之兵 悖

이희사자 욕금천하지식 패 유익승주사자 욕금천하지선 패 유이용병상
기국자 욕언천하지병 패

-《여씨춘추(呂氏春秋)》〈탕병(蕩兵)〉

10 履霜 堅冰至 臣弑其君 子弑其父 非一旦一夕之事也 其由來者漸矣

이상 견빙지 신시기군 자시기부 비일단일석지사야 기유래자점의

-《명심보감》〈증보(增補)〉

11 剛柔者 立本者也 變通者 趣時者也

강유자 입본자야 변통자 취시자야

-《주역(周易)》〈계사전(繫辭傳)〉

제制_풍족함이란 물질이 아니라 절제에서 온다

12 貨者愛至末也 刑者惡之末也

화자애지말야 형자악지말야

-《관자》〈심술하(心術下)〉

13   無藥可醫卿相壽 有錢難買子孫賢
         무약가의경상수 유전난매자손현
         -《명심보감》〈성심상(省心上)〉

14   教之不早 及其稍長 內為物欲所陷溺 外為流俗所鎖靡 欲其心德之無偏駁
         難矣
         교지부조 급기초장 내위물욕소함닉 외위유속소쇄미 욕기심덕지무편
         박 난의
         -《근사록》〈교학(敎學)〉

습習_새는 나는 연습을 게을리하지 않는다

15   譬如為山 未成一簣止 吾止也 譬如平地 雖覆一簣進 吾往也
         여위산 미성일궤지 오지야 비여평지 수복일궤진 오왕야
         -《논어》〈자한(子罕)〉

16   矢之速也 而不過二里 止也 步之遲也 而百舍 不止也
         시지속야 이불과이리 지야 보지지야 이백사 부지야
         -《여씨춘추》〈박지(博志)〉

17   功在不舍 鍥而舍之 朽木不折 鍥而不舍 金石可鏤
         공재불사 계이사지 후목부절 계이불사 금석가루
         -《순자》〈권학〉

18   學習猶逆水行舟 不進則退
         학습유여역수행주 부진즉퇴
         -《증광현문(增廣賢文)》

험險_아이가 감당할 수 없는 곳은 피해야 한다

19　不登高 不臨深
　　부등고 불림심
　　-《예기》〈곡례〉

20　方舟而濟於河 有虛船來觸舟 雖有偏心之人不怒
　　방주이제어하 유허선래촉주 수유편심지인불노

　　有一人在其上 則呼張歙之
　　유일인재기상 즉호장흡지

　　一呼而不聞 再呼而不聞 於是三呼邪 則必以惡聲隨之
　　일호이불문 재호이불문 어시삼호야 즉필이오성수지

　　向也不怒而今也怒 向也虛而今也實
　　향야불노이금야노 향야허이금야실

　　人能虛己以游世 其孰能害之
　　인능허기이유세 기숙능해지
　　-《장자》〈산목(山木)〉

21　小船 難堪重載 深逕 不宜獨行
　　소선 난감중재 심경 불의독행
　　-《명심보감》〈성심상〉

22　君子之行 靜以脩身 儉以養德 非澹泊 無以明志 非寧靜 無以致遠
　　군자지행 정이수신 검이양덕 비담박 무이명지 비녕정 무이지원
　　-《무후전서(武侯全書)》

3장   부모와 아이는 함께 성장한다

대待_아이는 자신만의 속도로 자라난다

1   夫通衢夷坦 而多行捷徑者 趨趣近故也
부통구이탄 이다행첩경자 추취근고야
-《문심조룡》〈정세(定勢)〉

2   伏久者飛必高 開先者謝獨早 知此 可以免蹭蹬之憂 可以消躁急之念
복구자비필고 개선자사독조 지차 가이면층등지우 가이소조급지념
-《채근담》

3   初種根時 只管栽培灌漑 勿作枝想 勿作葉想 勿作花想 勿作實想
초종근시 지관재배관개 물작지상 물작엽상 물작화상 물작실상
-《전습록(傳習錄)》

개蓋_사소한 잘못은 아이도 이미 알고 있다

4   成事不說 逐事不諫 旣往不咎
사불설 수사불간 기왕불구
-《논어》〈팔일(八佾)〉

5   大德不踰閑 小德出入可也
대덕불유한 소덕출입가야
-《논어》〈자장(子張)〉

6   人有操之不從者 縱之惑自化 毋操切以益其頑
인유조지불종자 종지혹자화 무조절이익기완
-《채근담》

近_답은 다른 곳이 아닌 내 아이에게 있다

7 君子敬其在己者 而不慕其在天者 小人錯其在己者 而慕其在天者
군자경기재기자 이불모기재천자 소인조기재기자 이모기재천자
–《순자》〈천론(天論)〉

8 不恨自家汲繩短 只恨他家苦井深
불한자가급승단 지한타가고정심
–《명심보감》〈성심하〉

9 以我轉物者 得固不喜 失亦不憂 大地盡屬逍遙 以物役我者 逆固生憎 順
亦生愛 一毛便生纏縛
이아전물자 득고불희 실역불우 대지진속소요 이물역아자 역고생증 순
역생애 일모편생전박
–《채근담》

友_사귀는 친구가 아이의 운명을 만든다

10 人在年少 神情未定 所與款狎 燻漬 陶染 言笑舉動 無心于學 潛移暗化 自
然似之
인재년소 신정미정 소여관압 훈지 도염 언소거동 무심우학 잠이암화
자연사지
–《안씨가훈(顏氏家訓)》〈모현(慕賢)〉

11 近世淺薄 以相歡狎 為相與 以無圭角 為相歡愛 如此者 安能久
근세천박 이상환압 위상여 이무규각 위상환애 여차자 안능구
–《이정전서(二程全書)》

12 曲意而使人喜 不若直躬而使人忌
곡의이사인희 불약직궁이사인기
–《채근담》

13 小信成則大信立
소신성즉대신립
-《한비자》〈외저설 좌상〉

14 廉淸而不信
렴청이불신
-《장자》〈제물론(齊物論)〉

15 信人者 人未必盡誠 己則獨誠矣 疑人者 人未必皆詐 己則先詐矣
신인자 인미필진성 기즉독성의 의인자 인미필개사 기즉선사의
-《채근담》

16 巧者勞而知者憂
교자노이지자우
-《장자》〈열어구(列御寇)〉

17 買多端則貧 工多技則窮 心不一也
매다단즉빈 공다기즉궁 심불일야
-《회남자》〈전언훈(詮言訓)〉

4장   지혜로운 부모가 지혜로운 아이로 키운다

1 玉不琢 不成器 人不學 不知道
옥불탁 불성기 인불학 부지도
-《예기》〈학기(學記)〉

2 知無用而始可與言用矣 夫地非不廣且大也 人之所用容足耳 然則廁足而
墊之 致黃泉 人尚有用乎
지무용이시가여언용의 부지비불광차대야 인지소용용족이 연즉측족이
점지 치황천 인상유용호
-《장자》〈외물(外物)〉

3 人能弘道 非道弘人
인능홍도 비도홍인
-《논어》〈위령공(衛靈公)〉

4 博學而詳說之 將以反說約也
박학이상설지 장이반설약야
-《맹자》〈이루하(離婁下)〉

독讀_소리 내어 읽는 책은 내 것이 된다

5 憂子弟之輕俊者 只教以經學念書 不得令作文字
우자제지경준자 지교이경학념서 부득령작문자
-《이정전서》

6 每日須讀一般經書 一般子書 不須多 只要令精熟
매일수독일반경서 일반자서 불수다 지요령정숙
-《소학(小學)》〈가언(嘉言)〉

7 說書必非古意 轉使人薄 學者須是潛心積慮 優游涵養 使之自得 今一日說
盡 只是教得薄
설서필비고의 전사인박 학자수시잠심적려 우유함양 사지자득
-《근사록》〈교학〉

서書_재미있는 책보다 의미 있는 책이 귀하다

8 夫所以讀書學問 本欲開心明目 利於行耳
부소이독서학문 본욕개심명목 리어행이
-《안씨가훈》〈면학(勉學)〉

9 黃金滿贏 不如教子一經
황금만영 불여교자일경
-《명심보감》〈훈자(訓子)〉

실實_내 손으로 배운 것이 더 오래 남는다

10 吾聞之吾師 有機械者 必有機事 有機事者 必有機心 機心存於胸中 則純
白不備 純白不備 則神生不定 神生不定者 道之所不載也
오문지오사 유기계자 필유기사 유기사자 심유기심 기심존어흉중 즉순
백불비 순백불비 즉신생부정 신생부정자 도지소부재야
-《장자》〈천지(天地)〉

11 明道先生 作字時 甚敬 嘗謂人曰 非欲字好 即此是學
명도선생 작자시 심경 상위인왈 비욕자호 즉차시학
-《이정전서》

12 夫微之顯 誠之不可揜如此夫
부미지현 성지불가엄여차부
-《중용》제16장

획劃_태산도 쪼개면 티끌이 된다

13 作事必謀始
작사필모시
-《소학》〈가언〉

14   平生惟好讀書 坐則讀經史 臥則讀小說 上厠則閱小辭 盖未嘗頃刻釋卷也
　　　평생유호독서 좌즉독경사 와즉독소설 상측즉열소사 개미상경각석권야
　　　–《귀전록(歸田錄)》

15   夫書卷雖浩繁 苟能加日積之功 何患不至
　　　부서권수호번 구능가일적지공 하환부지
　　　–《문중자(文中子)》〈자연(自然)〉

사史_역사를 배우면 미래가 보인다

16   生民之成敗好惡 固不足论
　　　생민지성패호오 고부족논
　　　–《안씨가훈》〈면학(勉學)〉

17   鑑於水者見面之容 鑑於人者知吉與凶
　　　감어수자견면지용 감어인자지길여흉
　　　–《사기》〈범저채택열전(范睢蔡澤列傳)〉

18   故形人而我無形 則我專而敵分
　　　고형인이아무형 즉아전이적분
　　　–《손자병법(孫子兵法)》〈허실(虛實)〉

아이의 그릇을 키우는
부모 고전 수업

1판 1쇄 인쇄 2024년 7월 31일
1판 1쇄 발행 2024년 8월 7일

지은이 우승희
펴낸이 고병욱

기획편집1실장 윤현주 **책임편집** 한희진 **기획편집** 김경수
마케팅 이일권 함석영 황혜리 복다은 **디자인** 공희 백은주
제작 김기창 **관리** 주동은 **총무** 노재경 송민진 서대원

펴낸곳 청림출판(주)
등록 제2023-000081호

본사 04799 서울시 성동구 아차산로17길 49 1009, 1010호 청림출판(주)
제2사옥 10881 경기도 파주시 회동길 173 청림아트스페이스
전화 02-546-4341 **팩스** 02-546-8053

홈페이지 www.chungrim.com **이메일** cr2@chungrim.com
인스타그램 @ch_daily_mom **블로그** blog.naver.com/chungrimlife
페이스북 www.facebook.com/chungrimlife

ⓒ 우승희, 2024

ISBN 979-11-93842-12-6 03590